CB017438

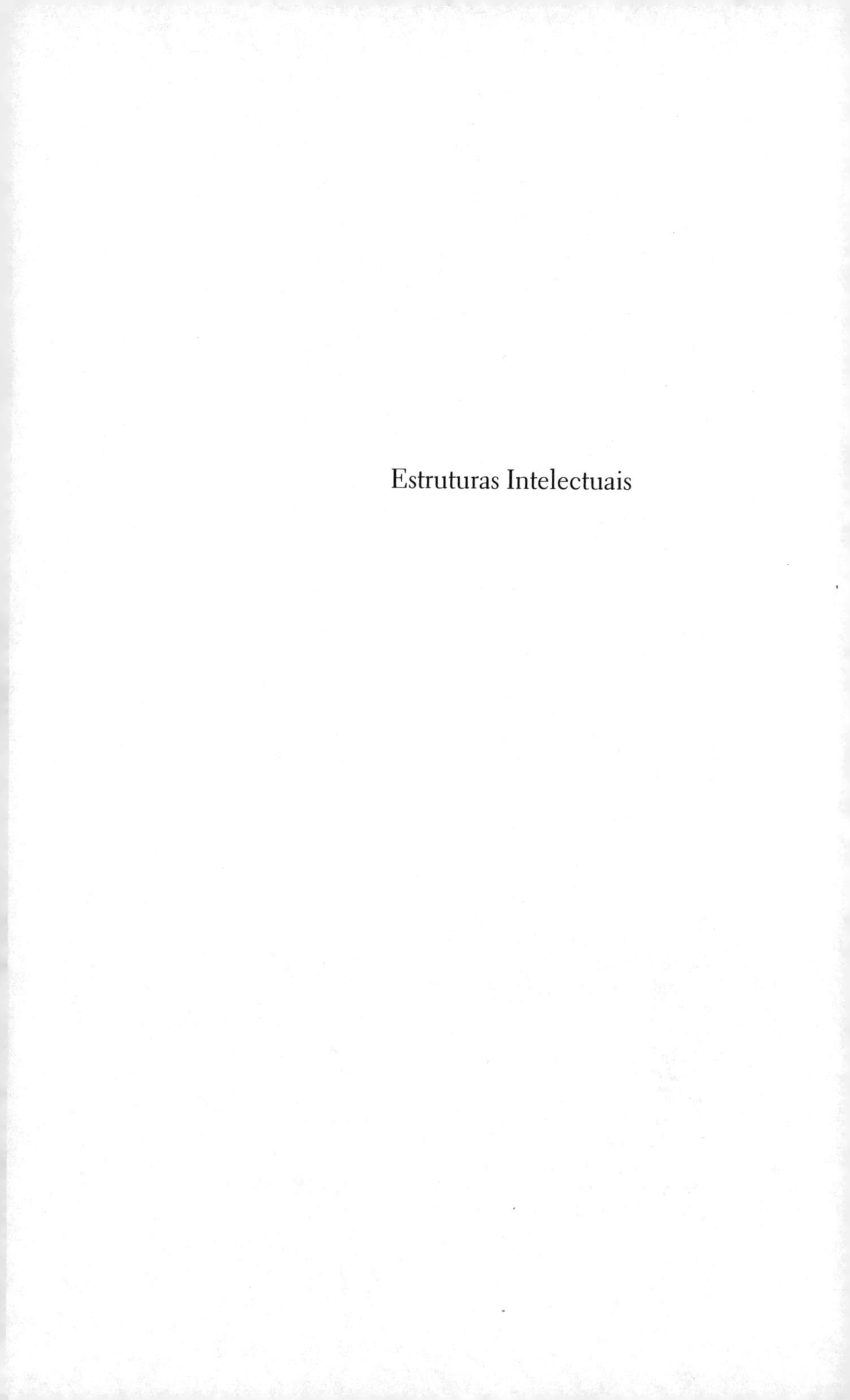

Estruturas Intelectuais

Coleção Big Bang
Dirigida por Gita K. Guinsburg

Edição de texto: Adriano Carvalho Araújo e Sousa
Revisão de provas: Marcio Honorio de Godoy
Capa e projeto gráfico: Sergio Kon
Produção: Ricardo Neves, Sergio Kon, Luiz Henrique Soares
e Raquel Fernandes Abranches.

Robert Blanché

Estruturas Intelectuais

Ensaio sobre a Organização
Sistemática dos Conceitos

TRADUÇÃO: GITA K. GUINSBURG

Título do original francês:
Structures intellectuelles: Essai sur l'organisation systématique des concepts

CIP-Brasil. Catalogação-na-Fonte
Sindicato Nacional dos Editores de Livros, RJ

B571e

Blanché, Robert
Estruturas intelectuais: ensaio sobre a organização sistemática dos conceitos / Robert Blanché; tradução Gita K. Guinsburg. – São Paulo : Perspectiva, 2012.
(Big bang)

Tradução de: Structures Intellectuelles
ISBN 978-85-273-0945-5

1. Lógica. I. Título.

12-0185. CDD: 160
CDU: 16

10.01.12 12.01.12 032520

EDITORA PERSPECTIVA S.A.

Av. Brigadeiro Luís Antônio, 3025
01401-000 São Paulo SP Brasil
Telefax: (011) 3885-8388
www.editoraperspectiva.com.br

2012

Sumário

Carta ao Leitor

Caro Leitor,

Não importam os conteúdos, qualquer teoria razoavelmente clara, afirma o filósofo Mario Bunge, pode ser organizada segundo uma arquitetura, uma estrutura, que se aplica a todo campo do conhecimento que exige sistematização e rigor. Essa exigência, traço característico da nossa mentalidade, é patente nos registros das antigas civilizações e religiões do mundo oriental e ocidental. Esquemas formalizados e esquemas lógicos de todo tipo, indicando a busca da veracidade e/ou falsidade de deduções, inferências, implicações, da matemática à ética, são inerentes às nossas estruturas intelectuais, independentemente de diferenças étnicas e da babel linguística. Por outro lado, a eterna busca dos homens por explorar e explicar os fenômenos da natureza e da mente e, não menos, muitas vezes, por se "aproximar de Deus", nas ações criativas de todo tipo, exige uma disciplina do pensamento que se estriba em algum parâmetro e se obriga, igualmente, a ser objetiva e lógica na sua expressão formal e nas suas derivações modais e que pretendendo, sobretudo, o primado da verdade na construção dos saberes e das ciências, não escapa ao crivo da razão crítica e/ou dos dados experimentais ao organizar o conjunto das proposições que lhe darão inteireza.

Em vista disto, e sob o impacto das teorias axiomáticas que tomaram um grande impulso após a Segunda Guerra Mundial, é que o lógico e matemático francês Robert Blanché, sem pretender "descrever processos mentais" explicitou e estudou uma "estrutura objetiva e intemporal que valha como norma para os procedimentos de um pensamento disciplinado". É em *As Estruturas Intelectuais* que o autor realiza esse feito, partindo do clássico quadrado lógico das proposições opostas de Apuleio e expandindo-o, a partir de configurações projetadas quase esteticamente, em um hexágono que inclui a tétrade primitiva e novas tríades pela simples pré- e posposição de uma partícula negativa, por meio de algumas operações lógicas.

Não é com menos entusiasmo que Carlos Vogt, que fez a apresentação desse volume com um ensaio didático e altamente esclarecedor, "Blanché e a Semiologia Estrutural", considera *As Estruturas Intelectuais* como "um livro indispensável [...] [que] contribuiu para forjar novos modelos de representação, de apresentação e de interpretação das relações do homem com a natureza e a sociedade". De fato, numa linha semiológica, a partir de sistemas ternários de valores distintos da vida social, como, por exemplo, o sistema simbólico das três cores dos sinais de transito – universalmente decodificado –, ele levanta seu caráter convencional e desvela em argumentação cerrada seu caráter constitutivo: uma organização lógica e intelectual.

Se nos dias de hoje, entre os sistemas lógicos de programação que possibilitam a comunicação virtual (basta clicar em um ícone para compartilhar informação) e a instantaneidade da mensagem, da letra, da palavra, da imagem, deparamo-nos com um conceito inteiramente original de espaço público; com outros sistemas, ternários ou não, de valores da vida social, introduzidos pelos *smartphones* e *tablets*; com uma mistura entre o privado e o público, entre o subjetivo e o objetivo na produção do conhecimento, em que o centro está em toda a parte; cabe, portanto, perguntar se essas transformações não nos obrigariam a de novo "estabelecer os fundamentos lógicos da cultura" com "alto rigor técnico", colocando a obra de Blanché como indispensável para deslanchar esse entendimento, produto das "novas" relações entre os homens, entre os homens e as coisas e os homens e as máquinas?

Gita K. Guinsburg

Apresentação: Blanché e a Semiologia Estrutural*

I

Robert Blanché, neste livro fundador – As *Estruturas Intelectuais* –, publicado originalmente em 1966, na França, propõe-se o problema da organização dos conceitos a partir da teoria clássica da oposição das proposições.

Toma, para isso, como base, o quadrado lógico de Apuleio no qual são representadas as quatro espécies de proposição que se opõem pela quantidade (universais x particulares), nas duas metades do eixo horizontal; pela qualidade (afirmativas x negativas), nas duas metades do eixo vertical; e por ambas, quantidade e qualidade, ao mesmo tempo (universais afirmativas x particulares negativas, e universais negativas x particulares afirmativas), nas duas diagonais que cortam o quadrado.

Tomando, segundo a tradição de uso, as letras A e I de AfIrmo para indicar as proposições afirmativas, e E e O de NEgO para as negativas, universais e particulares, respectivamente, tem-se, então, o quadrado de proposições opostas e cuja oposição se dá segundo as relações assim representadas:

* Este texto é, com ligeiras modificações, parte do artigo "Semiótica e Semiologia", publicado em Eni P. Orlandi; Suzy Lagazzi-Rodrigues (orgs.), *Introdução às Ciências da Linguagem: Discurso e Textualidade*, Campinas: Pontes, 2006, p. 105-141.

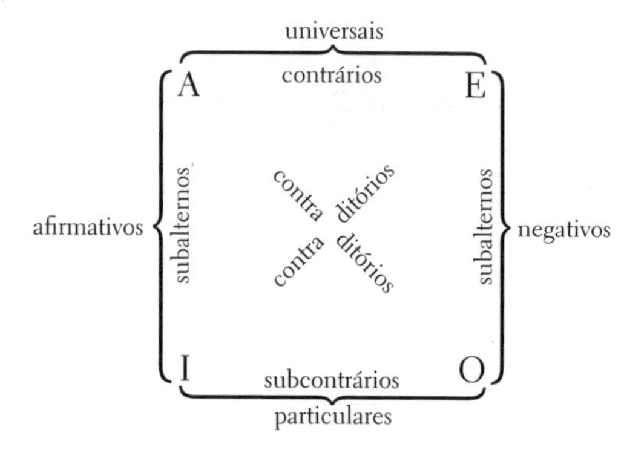

Se considerarmos para A a proposição "Todo homem é mortal", teremos para E "Todo homem não é mortal" ou "Nenhum homem é mortal", para I "Algum homem é mortal" e para O "Algum homem não é mortal".

As universais A/E se opõem como contrárias, isto é, não podem ser verdadeiras (V) ao mesmo tempo e podem ser falsas (F) ao mesmo tempo, o que permite a regra de inferência segundo a qual se uma das duas é verdadeira pode-se concluir a falsidade da outra.

As particulares I/O opõem-se como subcontrárias, o que significa que não podem ser ambas falsas ao mesmo tempo, podendo, ao mesmo tempo, ser verdadeiras. Daí a regra de inferência: se uma é falsa, a outra é verdadeira.

Cada uma das duas particulares I/O se opõe à universal de mesma qualidade como sua subalterna: I x A, O x E.

A verdade da universal subalternante acarreta, implica a verdade da sua particular subalternada; a falsidade da particular subalternada pressupõe a falsidade de sua universal subalternante. Daí as regras de inferência:

a. se a universal subalternante é verdadeira, a particular subalternada é verdadeira;

b. se a particular subalternada é falsa, a universal subalternante é falsa.

As proposições universais afirmativas A e as proposições particulares negativas O são contraditórias entre si, da mesma forma que também o são as universais negativas E e as particulares afirmativas I.

A regra no caso é: se uma é verdadeira, a outra é falsa; se uma é falsa, a outra é verdadeira.

Assim, dadas duas proposições *p* e *q*, se são contraditórias formam *alternativa* (p w q), se contrárias, *incompatibilidade* (p/q), se subcontrárias, *disjunção* ($p \vee q$), e se subalternas, *implicação* ($p \rightarrow q$).

Considerando-se a possibilidade do duplo uso da negação, dada uma proposição que enuncia uma atribuição, pode-se ou negar universalmente a atribuição, afirmando universalmente a sua contrária, ou negar a universalidade da atribuição, afirmando a particularidade da sua contraditória.

Desse modo, conforme seja posposta ou preposta a negação (*omnis, omnis non, non omnis, non omnis non*) pode-se, pela sua posição relativa no enunciado, estabelecer as quatro diferentes proposições do quadrado lógico e as quatro modalidades enunciativas que as caracterizam.

Assim, dada a proposição *p*, a afirmação de *p* equivale a afirmar a universalidade de *p*, isto é, universalmente *p*, ou seja, a verdade universal de *p*.

A negação de *p*, pelo acima dito, pode ser ~*p* que, com o modalizador, será lida universalmente *não p*, ou seja, a verdade universal de *não p* ou, ainda, a falsidade universal de *p*.

A outra possibilidade da negação de *p* é a que restringe a universalidade de sua afirmação, tomando uma forma suspensiva, mais fraca e não supressiva, mais forte, como no primeiro caso, o que com o modalizador corresponde a *não universalmente p*.

Como a contrária de *p*, que é ~*p*, tem também a sua contraditória, então *universalmente não p* tem como contraditória *não universalmente não p*, com a dupla negação, o que permite chegar à quarta proposição do quadrado lógico.

Dentro do simbolismo lógico-formal, substituindo-se a palavra *universalmente* por uma letra K que represente o conceito modal da necessidade, obter-se-iam as quatro modalidades lógicas a partir de uma delas: K = necessariamente, K~ = necessariamente não, ~K~ = não necessariamente não e ~K = não necessariamente.

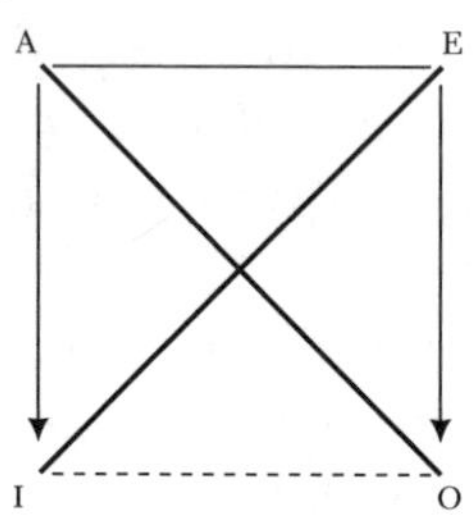

A partir do quadrado lógico das proposições opostas, Robert Blanché apresenta o seu hexágono lógico com a introdução de duas novas proposições: uma universal, U (tudo ou nada, todos ou nenhum), formada pela disjunção ou soma lógica das duas universais (AUE), e uma particular, Y (alguns sim e alguns não), formada pela conjunção ou produto lógico das duas particulares (I.O) do quadrado.

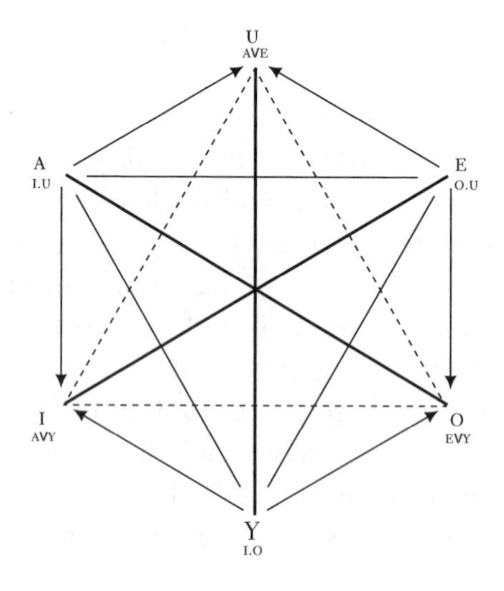

Tem-se agora, conforme mostra a figura,

uma estrela – ✡ – das contraditórias,
um triângulo – △ – das contrárias,
um triângulo pontilhado – ∴ – das subcontrárias e
uma cinta – ⬡ – das subalternas.

II

Para não alongar essa apresentação mais que resumida do hexágono lógico de Blanché, tão rico em aplicações possíveis, como verão os que se dedicarem à leitura do livro, concentremo-nos em uma dessas possibilidades e perguntemos, por exemplo, para trilharmos o caminho que nos leva ao encontro da semiologia, o que há de comum, além de serem ternários, entre sistemas de valores tão distintos na vida social quanto os que se verificam nos conjuntos abaixo?

Verde	**Amarelo**	**Vermelho**
Obrigatório	Indiferente	Proibido
Moral	Amoral	Imoral
Bom	Indiferente	Mau
Aceitação	Indecisão	Recusa
Amor	Apatia	Temor
Ousado	Equilibrado	Covarde
Pródigo	Equilibrado	Avarento
Excitação	Equilíbrio	Depressão
Bom	Inócuo	Nocivo

Por que em diferentes culturas o sistema simbólico dos sinais de trânsito é o mesmo e é entendido da mesma maneira pelos cidadãos de países e línguas tão diversas?

A resposta aparentemente mais acertada a essa pergunta é que se tratam de convenções adotadas internacionalmente, as quais passam a funcionar como paradigmas ou modelos de comportamento sociais que são, pelo hábito do uso, internacionalizados.

Como, então, explicar que, embora diversas, enquanto sistemas diferentes de valores a que pertencem, as tríades acima apresentadas têm algo em comum que lhes é constitutivo, e que é definidor de um modelo de organização universal? E que este modelo não decorre de nenhuma convenção, mas antes é o seu motivador e a própria razão de sua possibilidade lógica e intelectual?

Tomemos o caso dos sinais de trânsito e perguntemos o que cada uma das três cores que o compõem significa.

Sabemos que o *verde = siga*, o *vermelho = pare (não siga)* e o *amarelo = nem siga, nem pare* (traduzido por *Atenção!*).

A estrutura lógica, intelectual ou cognitiva que sustenta essas oposições é a mesma que subjaz às outras sequências ternárias acima listadas, e o princípio de organização dessas oposições é o que se representa no triângulo com a base invertida, que no hexágono lógico de Blanché desenha as relações contrárias entre as proposições A, E, Y, o que daria para as cores dos sinais de trânsito a seguinte figura:

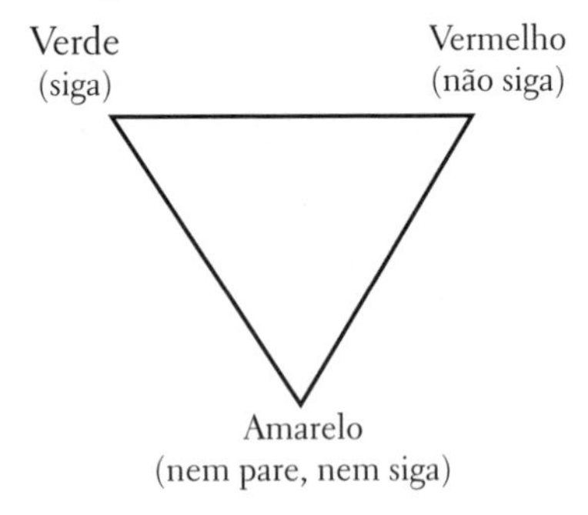

Se aplicarmos ao vértice inferior do triângulo o termo médio de cada uma de nossas sequências ternárias e aos vértices superiores, em ordem, cada um dos outros dois termos, a configuração das oposições será sempre a mesma e universal e, consequentemente, da mesma forma a organização dos conceitos e dos sistemas de conhecimento que eles possibilitam.

Em países como o Brasil, que buscam, muitas vezes a duras penas, constituir-se como democracias sólidas e permanentes, não é demais pensar que esse triângulo de oposições pode também ajudar a compreender melhor o extremo em que se trava o debate dessas aspirações políticas:

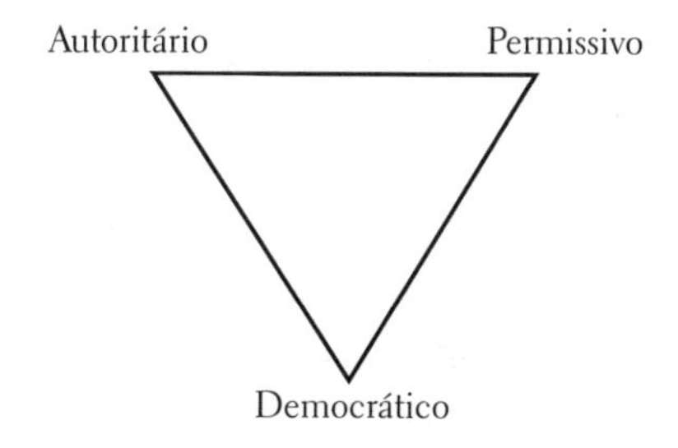

O que é democrático é o que não é nem autoritário nem permissivo, embora contenha elementos necessários de autoridade e de condescendência, num equilíbrio dinâmico entre as tensões dos direitos e das obrigações.

Os exemplos são inúmeros.

O importante é entender que a ciência moderna, cujas origens mais imediatas estão no século XVII, é, antes de tudo, um conjunto de símbolos consistentes, isto é, uma linguagem com regras de combinação e de significação e que é essa linguagem que permite chegar à formulação de proposições, de frases e de conceitos que têm poder explicativo sobre os fenômenos humanos e naturais.

A ciência trabalha com símbolos e categorias que pretendem ter valor universal, e essa universalidade se baseia em estruturas intelectuais e conceituais, de que o triângulo de oposições acima referido é um entre outros exemplos.

Os fatos culturais – aqueles que resultam da ação dos homens entre si e sobre a natureza –, como os sistemas de sinais de trânsito ou as oposições, no domínio da moral, entre *bem*, *mal* e *indiferente* ou entre *moral*, *imoral* e *amoral*, têm eles próprios relações profundas de organização com essas estruturas intelectuais subjacentes à linguagem do conhecimento científico, em particular, e à linguagem humana, de um modo geral.

Tomemos um outro campo de aplicações para um exercício semiótico um pouco mais complexo e que permite avaliar o poder de organização e de explicação das categorias lógicas de Blanché.

O Brasil é um país de forte vocação internacional, tanto pelo que desperta no outro, no estrangeiro, como pelo que o outro desperta no nosso olhar: curiosidade, interesse, humildade formal, cordialidade e disponibilidade para a atenção e o apoio nas situações mais fáceis do cotidiano dos estranhamentos.

Tudo isso tem a marca da afeição apaixonada e quem diz paixão diz, é claro, amor e ódio com a mesma intensidade, a mesma obstinação e, por que não dizer, a mesma volatilidade que caracteriza muitas vezes os impulsos derramados.

O homem cordial que Sergio Buarque de Holanda tão bem identificou no livro *Raízes do Brasil*, de 1936, não é, pois, portador do atributo de bondade substantiva com que o brasileiro passou a ser caracterizado na mitologia de nossa identidade.

A cordialidade, entretanto, é uma categoria sociopsicológica que se opõe num eixo à indiferença, em outro, à particularidade da ocorrência do amor como simpatia, em outro ainda, à particularidade negativa da ocorrência do ódio como antipatia e que é também implicada, como disjunção, pelas categorias universais do amor e do ódio, contrárias entre si.

Algo assim, que a figura abaixo, baseada no hexágono lógico de Robert Blanché representa:

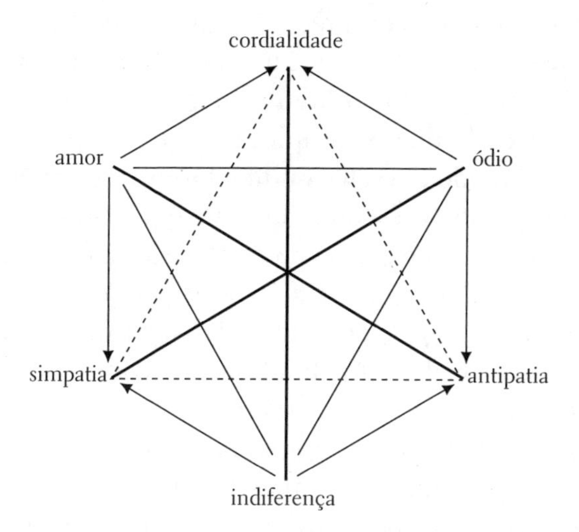

O homem cordial é, assim, capaz do bem e do mal, impulsivos e apaixonados, da mesma maneira.

Essa impulsividade nos torna, pois, universais e particulares a um só tempo, sob a forma de um paradoxo que constitui, de certo modo, um paradigma de explicações de como nos olhamos, de como nos vemos, de como olhamos para o outro e de como gostaríamos de ser olhados por ele.

A universalidade do país é um predicado de qualidade que supõe a implicação de particularidades sobre as quais se assenta a sua identidade cultural. A cordialidade, tal como a apresentou Sergio Buarque de Holanda, é também um desses predicados e uma categoria boa para pensar o Brasil.

III

Greimas, uma das mais importantes referências da semântica e da semiologia estruturalistas, no artigo "Les Jeux des contraintes sémiotiques" (Os Jogos das Restrições Semióticas) escrito em colaboração com François Rastier e publicado como um dos textos que integram o livro *Du sens* (Sobre o Sentido), propõe que, ao menos para efeito de compreensão, quer dizer, metodologicamente, é possível "imaginar que o espírito humano, para chegar à construção dos objetos culturais (literários, míticos, picturais etc.), parte de elementos simples e segue um percurso complexo, encontrando em seu caminho tanto as restrições que ele deve sofrer quanto as escolhas que lhe é permitido realizar"[1].

Segundo Greimas, esse percurso vai da imanência à manifestação, passando por três etapas principais, nas quais se veem claramente a inspiração, sobretudo nas duas primeiras, da linguística transformacional gerativa fundada por Noam Chomsky a partir do livro *Syntactic Structures* (Estruturas Sintáticas), de 1957[2].

As estruturas superficiais correspondem à gramática semiótica, que organiza em formas discursivas os conteúdos suscetíveis de manifestações, e as estruturas de manifestações são particulares a línguas específicas ou a materiais também específicos, sendo, assim, responsáveis pela produção e organização dos significantes.

As estruturas profundas, cujo estatuto lógico define as próprias condições de existência dos objetos semióticos, constituem o ponto focal do artigo de Greimas.

Ao tratar da estrutura elementar da significação, o autor toma, como referência para a apresentação da estrutura de seu modelo constitucional, o hexágono lógico de Robert Blanché, confirmando essa influência não só pela menção explícita de seu nome e do livro *Estruturas Intelectuais*, como também pela forma que dá à estrutura dos sistemas semióticos totalmente inspirada nas relações de oposições ali apresentadas, discutidas e analisadas[3].

Greimas, cuja extensa obra tratou de diversos objetos semióticos, da língua à literatura, da poética às palavras cruzadas e destas às máximas e provérbios, entre outros, dedicou também especial atenção à narrativa mítica, confessando frequentes vezes sua admiração intelectual pelos estudos do

1 A. J. Greimas, *Du sens: Essais sémiotique*, Paris: Seuil, 1970, p. 135

2 N. Chomsky, *Syntactic Structures*, Haia & Paris: Mouton, 1957.

3 A. J. Greimas, op. cit., p. 137.

mito de Georges Dumézil e pelos trabalhos de Claude Lévi--Strauss na mesma área[4].

Para Lévi-Strauss, a antropologia deve buscar as propriedades fundamentais que subjazem à imensa variedade dos produtos culturais, já que, se eles são produzidos por cérebros humanos, deve então haver entre eles, mesmo os das mais diferentes culturas, elementos comuns que compartilham num nível mais profundo, quer dizer numa estrutura lógica profunda que, escondida sob a superfície da variação e da diferença, a gera, prediz e explica sua transformação. São os universais que, como Chomsky, Lévi-Strauss também vai buscar nos estudos de Roman Jakobson, ligado à escola de Praga e com quem ele conviveu nos anos de 1940 na Nova Escola de Pesquisa Social em Nova York.

Mais precisamente, é nos estudos de fonologia de Jakobson e Halle[5] baseados nas propriedades acústicas dos sons linguísticos e nos traços distintivos binários estabelecidos como propriedades constitutivas da estrutura fonêmica universal da geração das línguas que Lévi-Strauss vai buscar a referência de seu modelo lógico, feito também de oposições binárias triangulares, para a análise e a explicação da imensa variedade das narrativas míticas na diversidade imensa de culturas mitológicas.

Assim, o triângulo culinário,

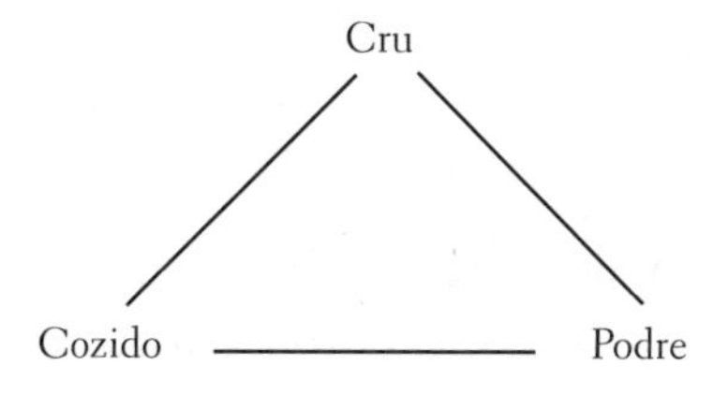

no qual se representam as oposições binárias *transformado/natural* e *cultural/natureza* e que tem para Lévi--Strauss um papel fundamen-

4 Ver, por exemplo, o artigo "La Mythologie comparée", publicado no livro *Du sens*, p.117-134 e dedicado a Georges Dumézil, e o artigo "Elementos para Uma Teoria da Interpretação da Narrativa Mítica", publicado em homenagem a Lévi-Strauss em Roland Barthes (org.), *Análise Estrutural da Narrativa*, Rio de Janeiro: Vozes, 1971, p. 59-108. Este último livro é uma seleção de ensaios da revista *Communications*.

5 R. Jakobson; M. Halle, *Fundamentals of Language*, Haia: Mouton, 1956.

tal na caracterização da estrutura profunda da cultura humana, baseia-se totalmente no triângulo vocálico e no triângulo das consoantes de Jakobson, ambos gerados a partir de um sistema comum a todos os fonemas e que supõe a distinção entre vogal e consoante e se desenvolve sobre a dupla oposição entre os traços compacto/difuso e grave/agudo, conforme mostra a figura abaixo:

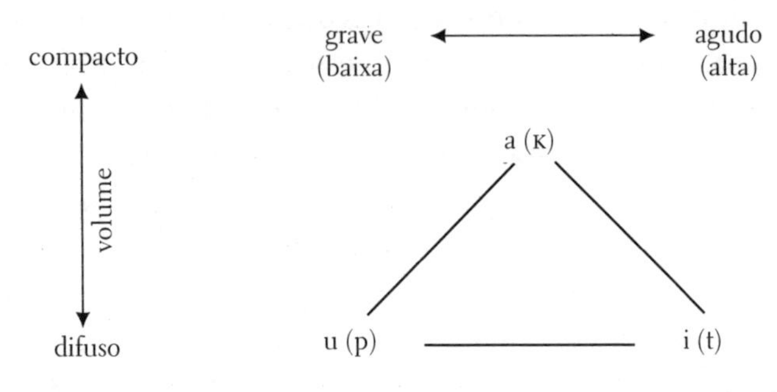

E para o triângulo culinário de Lévi-Strauss:

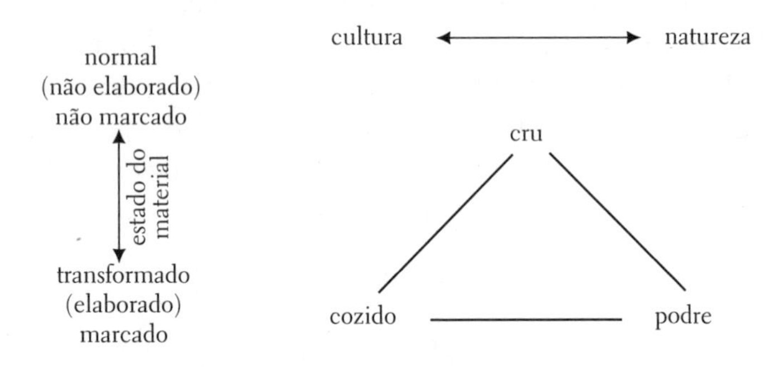

Em outras palavras, como observa Edmund Leach[6], o que busca Lévi-Strauss é estabelecer os rudimentos de uma álgebra semântica, já que o comportamento cultural, segundo sua hipótese, capaz de transmitir informações, deve supor um código que, possuindo uma estrutura algébrica, subjaz à ocorrência das mensagens culturais, possibilitando sua expressão.

Nesse caso o código corresponde, nos termos de Saussure, ao eixo paradigmático e as mensagens culturais expressas, ao

6 *As Idéias de Lévi-Strauss*, São Paulo: Cultrix, 1977. p. 36.

eixo sintagmático, ecoando, desse modo, a distinção básica entre língua e fala. Em Barthes, a mesma oposição aparece no binômio sistema/sintagma que corresponde, por sua vez, em Jakobson e Halle, à oposição entre metáfora, cujo fundamento é a semelhança, e metonímia, cuja base de reconhecimento é a contiguidade.

Lévi-Strauss também faz uso dessas distinções que aparecem ainda, como vimos, em Greimas, todas elas remetendo, direta ou indiretamente, no caso dos triângulos, às estruturas intelectuais desenhadas para essas figuras por Robert Blanché neste livro, cuja simplicidade da forma permite ao leitor, mesmo não sendo um especialista no assunto, ter acesso, compreendendo-os, aos conteúdos complexos da organização lógica dos conceitos e de suas manifestações culturais.

As Estruturas Intelectuais é, assim, um livro indispensável para se entender a grande corrente de pensamento do estruturalismo, que marcou boa parte do século XX e contribuiu para forjar novos modelos de representação, de apresentação e de interpretação das relações do homem com a natureza e com a sociedade.

Buscar estabelecer os fundamentos lógicos da cultura é um dos objetivos constantes da obra de Blanché, cujo livro que agora se traduz e se publica poderá, quem sabe, convidar a novas traduções e publicações, fazendo conhecer-se, no Brasil, um autor de alto rigor técnico que influenciou alguns dos mais importantes pensadores do mundo moderno e suas transformações na contemporaneidade.

Carlos Vogt
Linguista e poeta

Prefácio

O presente volume, *Estruturas Intelectuais: Ensaio Sobre a Organização Sistemática dos Conceitos*, embarca em um Caravelle em que a lógica não havia ainda inscrito nenhum passageiro nesta aeronave. Mas nosso autor conhece aí todos os seus novos vizinhos de cruzeiro, e não é menos conhecido deles, pois como eles, pertence à gente filosófica. Conhecido, é aguardado também por sua competência inigualada como lógico e pelos serviços que prestam a cada um – ao lado de sua produção propriamente filosófica e científica – os seus dois pequenos e preciosos livros tão claros *L'Axiomatique* (A Axiomática) e a *Introduction à la logique contemporaine* (Introdução à Lógica Contemporânea)[1] sobre temas que são com frequência tão pouco tratados, sem falar de sua mestria no árduo papel de resumir e analisar, através de tantos números da *Revue philosophique*, o movimento contemporâneo da lógica. Domínio este em que o público está amiúde pouco a par, e a produção é às vezes pouco acessível. Pois, a logística, desde alguns decênios tão multiforme, desenvolveu-se com ardor borbulhante de uma descolonização que nem sempre a tornou indulgente com respeito à metrópole filosófica.

O que ela irá dizer à logística, sobretudo à logística de ponta, quando ela souber que nosso passageiro tem, em sua maleta de

1 Paris: PUF, 1955; e Paris: Armand Colin, 1957, respectivamente.

viagem, as provas corrigidas do livro que vai aparecer sob o título acima indicado e sob a insígnia "Librairie Philosophique Vrin"? Estará talvez o autor vacilando um pouco? Não será ele suspeito de desviacionismo, no reino cioso da lógica? O próprio autor se pergunta, no curso de uma das páginas que ireis ler, se ele não se encontra "sentado entre duas cadeiras"? Por que não tranquilizá-lo? Pois sob sua bandeira, evidentemente filosófica, para onde irá o Caravelle? Ele traz em negrito com maiúsculas sua destinação sem mistério: A PROCURA DA VERDADE. Se o novo passageiro não encontra aí os mais costumeiros vizinhos de seus trabalhos e de sua época, seus novos vizinhos estão em busca do mesmo Graal aureolado de uma "forma" bastante aberta para "axiomatizar" muitos "modelos" diferentes. E essa estrela de verdade é também uma antiguidade bastante velha para deixar adivinhar, por sua pré-história e sua história, que ela brilhou sobre inumeráveis subversões, espacejadas por longos apaziguamentos a favorecer as necessárias pausas de estabilização que forjam, em sua lentidão, a gênese das estruturas.

Estas tampouco nascem definitivamente fixadas no albor do primeiro mundo humano que de idade em idade é visto como a criança investida, tão logo nasce, de uma razão, pronta para atuar. Se fosse assim, que necessidade haveria de uma infância tão anormalmente prolongada em uma vida humana relativamente tão curta? O nascimento que, de início, não é senão *evento*, deve, como bem o sabemos, passar por um longo estágio para atingir o *advento* da humanidade fundamental: sua verdadeira natureza seria desconhecer singularmente o papel doravante decisivo de como reduzir nele o tipo do pensamento selvagem, atributo, por assim dizer, universal, do espírito humano que um inconsciente demasiado generoso tê-lo-ia, de pronto, dotado de uma axiomática implícita demasiado precoce. Não se poderia mais dizer: *Tantae molis erat* (era tamanha a dificuldade). E, no entanto, não terá a lentidão do estágio humano sempre respondido à do estágio cósmico, forjando as estruturas geológicas do mundo terrestre e os quadros que a geografia humana inscreverá, por sua vez, em vista *do povoamento* do solo, e da ordenação institucional, indispensável ao progresso da civilização da cultura: *Ubi societas ibi jus* (onde há a sociedade há o direito).

Quantas coisas, na verdade, para fazer um mundo e prepará-lo para o reino humano! Mas se soubermos mediante qual profusão de bem-estar a máquina pôde servir ao homem, veremos também essa profusão transformar-se pouco a pouco em risco de escravizar. Perigoso esbulho mesmo na ordem mecânica. Mas na ordem do espírito em que a lógica reinou sempre, semelhante perigo, se ele se verificasse verdadeiramente ameaçador, deixaria a filosofia sem grito de alarme? E se o filósofo for um lógico competente, será uma dupla razão para se ler com atenção o novo livro de Robert Blanché. Veremos aí sua lógica *reflexiva* vigiar com o olhar mais instruído, e em seu próprio terreno, as logísticas que ele percebe de início, felizmente, como enriquecedoras, engajar-se bem depressa em um elã sem freio de emancipação sem limites e ameaçar – quem sabe? – o homem de se encontrar exilado da própria paisagem de seu espírito.

A essa questão, a *Introdução à Lógica Contemporânea*, de Blanché, nos oferece uma primeira resposta de ordem histórica. O impulso foi dado, escreveu ele, por dois matemáticos ingleses, Boole e De Morgan, que inauguraram uma lógica das relações, desenvolvida a seguir por Peirce, Schröder e Russel. Depois, um novo período se abre – o da logística clássica –, com Frege na Alemanha, Peano na Itália e os *Principia mathematica* de Whitehead e Russel (1910-1913). Então ficam definidas as noções de função proposicional, de cálculo de proposições e de sistema dedutivo, e aparece a grande e consagrada reorganização da lógica que de bom grado corria o risco de servir de fundamento aos próprios matemáticos. Por fim, nas proximidades de 1920, surge o *Tractatus Logico-Philosophicus* de Wittgenstein sobre o qual Blanché escreve: "Ele conserva o absolutismo lógico, mas caracterizando nele as leis lógicas como *tautologias*, no sentido preciso que atribui a esse termo, ele os esvazia de conteúdo". A via fica aberta para Hilbert, a fim de ultrapassar a axiomática semiconcreta, admitindo ainda um sentido intuitivo, para uma formalização integral, ou ao menos esperando por tal coisa. Essa esperança faz nascer a distinção entre lógica e metalógica, e prever – para aqueles cujo sonho leva mais longe – por sua vez, se ouso dizer, a absorção superformalizante da metalógica.

Mas sem esposar os sonhos mais audaciosos é mais do que justo reconhecer que a ampliação do horizonte seguiu-se disso tudo. Enriquecimento, segundo o sr. Blanché, a quem não se acusará de timidez e cuja competência bem se conhece. Porém, sem querer romper a parede do som, com os iconoplastas mais decididos, ele sabe dominar e julgar, sem se deixar iludir. Que se medite sobre estas linhas do autor que desejo citar:

> Essas novas lógicas não serão outras tantas aberrações em relação à lógica *tout court*, a lógica absoluta e universal? Ou então, seu aparecimento marcará uma flexibilização e um enriquecimento de nosso equipamento intelectual? A razão não estará sujeita à lógica no singular, ou então terá a liberdade de escolher entre várias e de construí-las à sua vontade? Os autores das novas *lógicas* apresentam-nas comumente, seja como lógicas *alternativas*, suscetíveis de substituir com vantagem as lógicas tradicionais, para uns ou outros empregos aos quais elas seriam melhor adaptadas, seja como lógicas *englobantes* da qual a lógica antiga seria um caso especial, seja como a geometria euclidiana o é em relação à geometria geral. A lógica de Heyting seria, segundo os intuicionistas, aquela que conviria ao raciocínio matemático. As lógicas trivalentes, por seu turno, foram propostas como o *organon* adequado para a física quântica. A lógica probabilística, como um instrumento mais flexível e mais nuançado do que a lógica bivalente, que é uma lógica brutal do sim ou do não, do tudo ou do nada... Outros autores, ao contrário, mantêm o primado da lógica bivalente clássica. Sem desconhecer o interesse

> das novas teorias, eles as consideram como outros tantos cálculos específicos a serviço de uma lógica operatória geral. Muitas dentre elas, aliás, permanecem no estado de cálculos puramente formais, cuja interpretação lógica resta descobrir. Além disso, esses cálculos simbólicos não são construídos, eles mesmos, por meio de uma lógica operatória universal cuja validade eles pressupõem assim[2].

Essas linhas deixam adivinhar a posição que será a do autor de *Estruturas Intelectuais*, mas ela será descoberta, sobretudo, em uma segunda obra, *Raison et discours* (Razão e Discurso) que aparecerá em breve[3].

O aspecto histórico que acabamos de encontrar no sr. Blanché deixa entrever, não menos, que seu apego a uma concepção, não somente descritiva – mas, ao mesmo tempo, sempre reflexiva –, não impede em nada todo dinamismo que ele sente voltado para o verdadeiramente novo, e não em busca do "outro" a todo custo. Seu livro A *Axiomática*, pouco anterior ao *Introdução à Lógica Contemporânea*, que acabamos de utilizar, é sintomático a esse respeito, e esclarece de antemão as etapas do progresso que acabamos de enumerar. Ademais, sua leitura facilita o entendimento das *Estruturas Intelectuais*, mais difíceis de assimilar. Ele traz à plena luz as razões e as circunstâncias que vieram subverter tão eficazmente o equilíbrio demasiado satisfeito da lógica clássica e, por aí mesmo, favorecer o progresso contemporâneo. Quero falar das falsas evidências que pesaram tão gravemente sobre o desenvolvimento da geometria e distorceram a maneira de ensiná-la. Dos pretensos axiomas evidentes, Brunschvicg dizia brincando: "Conservou-se o mesmo nome suprimindo-se a coisa, como ocorre quando se bebe e se vende café descafeinado". O sr. Blanché, aliás, formado ele próprio primeiramente na escola de Léon Brunschvicg, e que não se privou de fazer todas as reservas sobre certas intemperanças da formalização a qualquer preço, associar-se-á, creio, porém, atenuando ligeiramente a última linha, a esta outra declaração de seu mestre:

2 *Introduction à la logique contemporaine*, p. 83.
3 Paris: J. Vrin, 1967.

> A menos que nos deixemos ludibriar pelo prazer das palavras, é preciso tomar consciência de que o enunciado dos axiomas, como o desenvolvimento do processo dedutivo, que aí se suspende, deixa intacto o problema da qualidade do saber que se coloca fora de suas fronteiras. O juízo decisivo de verdade consiste na escolha da hipótese axiomática e na relação de suas consequências com o detalhe do real. Ele escapa de uma técnica puramente formalista.

O mesmo Brunschvicg mantém ainda essas palavras que são aqui circunstanciais: "Só é capaz de voltar ao seu papel um idealismo que terá sabido se colocar em um plano superior ao sensível, apoiado em um saber que liga a objetividade ao incessante cuidado de um controle experimental". Depois, fazendo eco a Bachelard, "nosso pensamento vai ao real, ele não parte dele".

Que não se menospreze o espírito que anima Blanché na sua investigação sobre a lógica. As reservas que apresentará diante das pretensões ilimitadas não comprometem em nada sua adesão à renovação inicial que ele pretende simplesmente infletir para menos artifício e mais cuidado com o natural. Em seu primeiro livro, *A Axiomática*, ele se associa aos ataques contra o dogmatismo ilusório do postulado de Euclides, em que denuncia um *expediente* destinado a mascarar uma lacuna do encadeamento lógico e, indo ao encontro dos matemáticos, assinala a urgência de transportar o interesse do conteúdo para a estrutura, para a coerência interna. Ele quase se desculpa de ter conservado como título para seu livro o termo, então equívoco, de *Axiomática*. Não esqueçamos: o próprio axioma que enuncia que o todo é maior do que a parte só vale para conjuntos finitos. Não seria isso dizer tudo? Deixemos Leibniz tentar uma demonstração da evidência dos axiomas reduzindo-os a uma proposição idêntica; mas tentemos reduzir ao mínimo as bases do sistema: "ainda que devessem os princípios, dos quais serão deduzidos os axiomas, parecer menos evidentes que eles"[4]. Na

4 *L'Axiomatique*, p. 11.

falta de uma demonstração propriamente dita de inevitáveis indefiníveis de onde cumpre partir, resta somente dois partidos para tomar: ou a gente se refere a uma teoria anterior, cuja consistência esteja mais assentada, essencialmente na aritmética; ou então a gente se refere ao concreto em que é realizado, evidentemente, apenas o possível: por conseguinte, se construirmos um modelo físico do concreto escolhido, a existência deste modelo garante a consistência da axiomática que lhe corresponde.

Mas esse retorno ao concreto, evidentemente, é apenas passageiro e destina-se a encontrar o caminho do abstrato, esse esqueleto lógico que era preciso depreender. E eis que chega a última etapa do ataque à intuição. "Assim fez-se sentir bem depressa a necessidade de substituir as palavras que designam as noções primeiras da teoria por símbolos despidos de sentido prévio, e suscetíveis de receber, por conseguinte, exata e exclusivamente aquele [sentido] que os axiomas lhe conferem"[5]. Contudo, em semelhante caminho a gente não poderia se deter. Para eliminar todo equívoco, o único caminho é recorrer às regras segundo as quais se raciocina aquilo que se acaba de fazer por meio dos postulados sobre os quais se raciocina: colocá-los hipoteticamente em vez de afirmá-los categoricamente. A escolha da combinação é livre, desde que nos atenhamos a isso estritamente. Eis-nos no auge da formalização. O sr. Blanché descreve com perfeita clareza esse ponto de chegada:

> Uma demonstração não recorrerá mais ao nosso sentimento espontâneo da evidência de certos encadeamentos lógicos. Ela se ocupará de transformar por graus sucessivos, e sem queimar uma etapa, uma ou várias fórmulas anteriormente escritas como axiomas ou teoremas, mencionando, para cada uma dessas transformações elementares, o número da regra que a autoriza, até que, enfim, a gente chegue, linha após linha, à fórmula procurada[6].

5 Idem, p. 48.
6 Idem, § 3.

O pensamento, em vez de atravessar os símbolos, a fim de visar, por seu intermédio, as coisas simbolizadas, detém-se, agora, nos próprios símbolos e, retirando-lhes para o momento sua função de símbolos, os toma como *objetos últimos*.

Esses objetos, por sua vez, tornam-se objetos de uma nova ciência, porquanto foram reduzidos ao estado de fórmulas, abstração feita de seu sentido. Mas, sob essa nova feição requerem uma nova espécie de análise que é, desta vez, reflexiva, como a metamatemática em relação à matemática. Não estamos mais na ciência considerada, mas nos colocamos fora e como que acima, para *falar desta* ciência e refletir *sobre* ela.

Mas esclarecido o sentido do que pode ser uma metalógica, retomemos nossas considerações.

A validade do raciocínio não dependente nem dos indivíduos, nem dos conceitos que aí figuram, podemos substituir por letras simbólicas as palavras que os designam e, despojando-o assim de seu conteúdo, reter apenas sua forma invariável. Daí esta tradução do silogismo tradicional "todo f é g – x é f – logo x é g" tradução que expressa sob forma hipotética: "Se todo f é g e se x é f, então x é g" torna-se uma proposição verdadeira quaisquer que sejam os valores que se atribuam a suas variáveis. Em sua *Introdução à Lógica Contemporânea*, o sr. Blanché qualifica as verdades de que se ocupa a lógica como:

> verdades formais nas quais subsistem apenas, ao lado das letras que marcam o lugar doravante livre para um conteúdo possível, essas locuções que não possuem um sentido propriamente empírico e que constituem, de alguma maneira, a armadura lógica do discurso: *se… então, tudo, é, e*.

E é precisamente essa observação que abre o caminho para a lógica simbólica e para suas múltiplas descendências: pois a fecundidade lógica desse modo de tradução em símbolos o leva a desembocar na criação de uma língua artificial que não é aquela da palavra, porém a língua muda de uma escritura ideográfica. No caso a escolha é livre, pois se trata de um artifício; mas esse artifício encontra limite na sua própria finalidade. Trata-se de excluir todo equívoco. É isso o que a gramática da linguagem usual não saberia suprir e o que convida a lógica simbólica a substituir o raciocínio por um cálculo com os signos. Citemos ainda o sr. Blanché:

> Assim procedendo, ter-se-á passado de uma noção filosófica muito abstrata, a da forma em sua oposição à matéria, a uma noção concreta, visual: a da forma no sentido geométrico ou ao menos topológico: desenhos sobre uma folha de papel, combinados segundo certas regras e suscetíveis de serem transformados em semelhantes desenhos novos, segundo certas outras regras. Um raciocínio assim raquítico é chamado *formalizado*. Para ser verdadeiramente *formal* a lógica tornou-se portanto formalista[7].

O sr. Blanché toma de empréstimo também esse itinerário, mas o abandona na última curva a fim de se dirigir para a análise estrutural no seu novo volume.

Acredita-se, talvez efetivamente, ter dito tudo quando, a fiar-se nos sábios cálculos da lógica simbólica, falou-se de "leis lógicas". Mas, primeiramente, o que se entende por isso? A enunciação de inferências, a partir dos raciocínios de fato, assimilados aos raciocínios matemáticos e pretendendo, em caso de necessidade, coroá-lo sob o título de cálculo universal. Mas para raciocinar com exatidão é *preciso* seguir tais regras e talvez não mais repudiar o caráter normativo da lógica, tal como a concebia Lalande e depois, sobretudo, retomar assim mesmo a estrutura humana da razão, à sua aptidão de distinguir aquilo que se opõe, a reunir aquilo que se atrai, ou negar aquilo que se recusa, em suma conceituar para apreender. Todas essas funções, dir-se-á, talvez são assumidas com uma rapidez e uma precisão imbatíveis pela máquina que a cada dia mostra que ela não disse sua

7 Idem, ibidem.

última palavra. Mas teria ela dito sua primeira, se o homem não a houvesse inicialmente inventado e construído? Em face dos progressos mais refinados das estruturas lógicas, o problema que se recusa a calar continua sendo as estruturas mentais. Escutá-lo-emos sob a pena do sr. Blanché.

Com efeito, evitaríamos a dificuldade ao afirmar, com Carnap, que um sistema de lógica não é de modo algum uma teoria a versar sobre objetos determinados, porém, como já vimos mais acima, um simples sistema de signos com formulação de suas regras? Este nominalismo exagerado não se pareceria um pouco com uma metafísica às escondidas? Em todo caso, não seria significativo constatar que os progressos do nominalismo lógico fizeram aparecer, eu o indiquei mais acima, a preocupação com o que se chamou de a "metalógica"? Confiemos de novo no sr. Blanché que observa o seguinte:

> uma vez construído, um sistema de lógica existe como uma coisa, objeto possível para um novo estudo. Toda ciência comporta assim uma *parte de reflexão sobre ela mesma*, mas, em vez de permanecer misturada com ela, ela pode ser sistematicamente destacada e erigida em disciplina distinta. A exemplo de Hilbert, constituindo a metamatemática os lógicos tomaram uma nítida consciência dos problemas metalógicos[8].

Há, além disso, uma primeira razão que impõe considerar a especificidade deles. As axiomáticas formalizadas não são ainda aplicadas a nenhum domínio de preferência a outro determinado. Elas têm, portanto, em primeiro lugar, de responder por sua *consistência*, por sua *completude*, por sua *decidicilidade* (isto é, dedutibilidade formal, a partir dos axiomas). Não se deve confundir o que deve ser distinguido: lógica e metalógica, sintaxe e semântica. A linguagem, ela também, se coloca em dois níveis, conforme o lógico simbolize ou reflita sobre a sua simbolização, nada parece então deter a ambiciosa formalização em sua

8 Idem, p. 27.

última tentativa de conferir ao próprio cálculo a tradução simbólica de reflexão de que ele é objeto. Não estará a intuição, nesse estádio, definitivamente expulsa da lógica?

Concedamos a palavra ao pequeno livro perfeitamente claro sobre a axiomática – que já oferece uma nítida focalização do problema:

> Por mais reduzida que seja então a margem deixada à apreciação subjetiva para julgar da validade de uma teoria [...] não poderíamos arranjar para que os procedimentos da demonstração metamatemática se vejam de alguma maneira integrados na própria teoria cuja não contradição ela demonstra, de modo que a segurança assim demonstrada pela teoria jorre sobre esses procedimentos? Alimentou-se a esperança a aí chegar graças a um engenhoso procedimento dito da "aritmetização da sintaxe" devida a Gödel e que permite formular a sintaxe lógica da aritmética no próprio interior da aritmética. Ele consiste em estabelecer uma correspondência entre os símbolos pelos quais se exprime a sintaxe da aritmética e alguns símbolos próprios à aritmética, ela mesma[9].

Isso "retomava, em uma nova forma, o velho ideal de uma demonstração absoluta tendo em vista constituir um formalismo que fosse suscetível de se concluir fechando-se, de algum modo, em si mesmo". E coube ao sr. Blanché notar que dois teoremas famosos de Gödel estabeleceram de forma precisa, em 1931: primeiro, que uma aritmética não contraditória não podia constituir um sistema completo e comporta necessariamente enunciados indecidíveis; segundo, que a afirmação da não contradição do sistema figura precisamente entre esses enunciados indecidíveis. Dissipada essa falsa esperança, cumpre resignar-se, conclui nosso autor, à separação que se pensava ter apagado entre verdade e demonstrabilidade. Ora, esse crepúsculo das evidências, como diz o sr. Blanché, não podia deixar de vencer a própria lógica em vias de extrema formalização. Pois certas

9 Idem, p. 59.

regras da dedução formal não podiam mais ser incluídas em seu próprio formalismo: por exemplo, os enunciados que regram o cálculo, os quais dominam o próprio cálculo, permanecem exteriores a ele. O olhar intuitivo que regra o cálculo está sempre aí e não se deixa cair no conto, ao passo que não há nada mais a esperar do ilusório refúgio sob as asas da aritmética.

Ora, eis que, para o cúmulo, passado pouco mais de trinta anos após o Teorema de Gödel e apenas dez anos após as páginas de Blanché, que acabo de citar ou de resumir, a posição da lógica reflexiva recebe em 1965 um apoio proveniente da matemática. Perante a Sociedade Francesa de Filosofia ocorre, em 27 de fevereiro, uma sessão cativante (cujo texto apareceria no início de 1966) em que três eminentes matemáticos junto com alguns filósofos ouvem uma notável comunicação, que seria seguida de debate, após ter sido apresentado por André Lichnerowicz do College de France, ele próprio matemático de alto bordo. Sua fala pretende definir aquilo que é hoje e o que será amanhã a atividade matemática de ponta e que, segundo ele, desdobra-se em atividade de criação e atividade de comunicação, estando entendido, ainda segundo ele, que a matemática em geral – e isso dobra para nós o interesse da fala –, "por natureza, reflete sobre ela mesma e se apresenta como o testemunho mais precioso sobre o funcionamento de nosso espírito". Eis em resumo o quadro que ele nos esboça. Com os gregos, havia começado a primeira ambição matemática que era precisamente de coerência, mas de coerência a partir de dados considerados como evidências preliminares, graças ao cuidado tomado de aí forçar a dose, em caso de necessidade, para uma distribuição judiciosa e sub-reptícia. Assim talvez se procurou para os irracionais um estatuto provisório que naturalmente torna-se durável. Cabe ouvir os persas na álgebra e a Leibniz e Newton no caso da análise, para assegurar a esses irracionais um melhor fundamento e estimular a ambição de coerência, aliás, ainda limitada. Soma-se a isso o aparecimento das noções de *conjunto* e de *grupo*, a ideia de *relações possíveis entre conjuntos diferentes*, convenientemente escolhidos. A via do formalismo, ao mesmo tempo lógico e matemático, apela e segue o manejamento das estruturas e revela o poder analógico do isomorfismo. Eu cito nosso matemático:

> Há uma mutação daquilo que podemos nomear como as matemáticas clássicas e uma matemática *una*, nossa matemática contemporânea, na qual a atividade de comunicação e a atividade de criação reconciliadas possuem cada qual seu justo lugar. Em vez de alcançar as estruturas e de reconhecê-las um pouco ao azar, a matemática se esforçará para dominá-las.

Isso porque a primeira noção adotada é aquela "de conjuntos" depois de relações entre certos elementos de conjuntos diferentes, em particular relações funcionais, ou *aplicações* entre elementos de dois conjuntos. Sobre tais conjuntos diversas operações são possíveis, das quais o nosso autor conserva duas principais, eu cito:

> 1º a partir de um conjunto E pode-se definir o *conjunto de todas as suas partes*, isto é, o conjunto cujos elementos são as partes de E;
> 2º se E e F forem dois conjuntos, distintos ou não, pode-se definir um novo conjunto E x F que é o seu produto e cujos elementos são os pares de um elemento de E e de um elemento de F.
>
> Dados um ou vários conjuntos, dois por exemplo, E e F, podemos, portanto, a partir deles formar outros com as operações precedentes. Repetindo tais operações tantas vezes quanto se deseja, construímos aquilo que denominamos uma *escala de conjuntos*, de base E e F. Deduzimos daí facilmente a noção de *estrutura matemática*. Se tomarmos um conjunto M da escala de base E F e, em seguida, se dermos as propriedades de um elemento de M que serão chamadas os *axiomas*, e seja T a parte comum às partes de M definidas por estas propriedades. Diremos que um elemento T define uma

> "estrutura de espécie" T sobre os conjuntos E e F. Caracterizar-se-á pois as estruturas de espécie T pelos *dados do esquema de formação* de M a partir de E e F, e dos *axiomas da estrutura* que definem a parte T de M. Ora, um caráter essencial desta noção de estrutura é a que pode ser concebida *independentemente* da natureza dos conjuntos de base.

Vê-se a importância disso. A boa ordem pode começar por estruturas que se encaixam umas nas outras para construir as grandes teorias matemáticas. A estrutura que domina é a de *grupo*. Quanto às estruturas topológicas, elas se constroem definindo, de modo coerente, a noção de *vizinhança*, onde o que é negligenciado é a introdução da distância.

De sorte que em nenhum caso nos encontramos em presença de um objeto matemático concebido como coisa em si, mas sim de leis de composição e de estrutura que podem vir a ser, por sua vez, objetos matemáticos para uma teoria em um outro nível da escala. A própria palavra objeto perde um pouco de seu sentido diante de um *conjunto* ou de uma *categoria*. Todo dado pode ser considerado como matematizável, conclui Lichnerowicz: "se ele consente em submeter-se ao tratamento dos conjuntos, das categorias e do *isomorfismo*, isto é mais precisamente na medida exata em que aquilo que assim negligenciamos – todo o conteúdo ontológico – não nos importa". Tudo aquilo que a matemática acaba de nos dizer de suas estruturas, compõem-se segundo sua coerência e faz aparecer, *indiferentes a seu conteúdo*, a cada passo, um parentesco com as novas lógicas. Neste parentesco, o matemático não vê a prova de uma dominação da lógica: ele o interpretaria preferivelmente, dizendo que "a matemática traz em si uma lógica privilegiada mais ou menos explícita". Mas o que nos interessa, sobretudo para justificar a posição que é a das *Estruturas Intelectuais* do sr. Blanché, a qual, como vimos, supõe a impossibilidade absoluta da formalização absoluta, é constatar que o matemático que, diante de nós, acaba de usar o método formalizante finito, face à pretensão última de abandonar as fórmulas de extrema formalização, por opor o mesmo *non licet* (sem o direito) ao qual a lógica deve igualmente resignar-se. De modo que o sr. Blanché poderia retomar por sua conta esse veto de Lichnerowicz:

> A paisagem que descrevi é, *grosso modo*, o da matemática baseada em uma teoria dos conjuntos convenientemente axiomatizada *à la* Gödel. Mas nós sabemos doravante, graças a Gödel em particular, que a velha ambição de um discurso que encontra em si mesmo sua própria justificação, capaz de autoprovar sua própria coerência, é um sonho.

Falei de resignação por parte da lógica; é preciso compreender que não é da parte do lógico reflexivo que é o sr. Blanché para quem o veto de Gödel é muito mais satisfação do que resignação a um sonho frustrado.

Chegando a esse ponto, a questão me parece então colocar-se de maneira mais matizada, e que é a de tentar medir o grau de apoio que a tese do sr. Blanché – a qual, aliás, vai se desenhar em sua inteireza apenas na segunda obra à qual aludi – pode encontrar, coisa importante, de parte não de um matemático propriamente dito, mas de um grande especialista nas novas lógicas, como o sr. Roger Martin, cuja importante e sapiente obra *Logique contemporaine et formalisation* (Lógica Contemporânea e Formalização) é digna de autoridade. Aqui, minha pena hesita entre a *falta* de competência que deveria detê-la e o *excesso* de interesse do problema que, temerariamente, a impele a tudo desafiar. A única prudência foi, antes de se precipitar, qualificar o sr. Martin de especialista e não de lógico como pareceria mais natural. Mas eis a razão desta prudência. Se, de um lado, o sr. Martin dá a impressão de ser matemático quase tanto como lógico, de outro, eu sei que é filósofo. Ora, em uma publicação do Centre International de Synthèse sobre a noção de estrutura (1956), que li saído de sua pena:

> A formalização não visa fundar a lógica, mas colocá-la sob uma forma desprovida de ambiguidade e mais facilmente utilizável pelo matemático do que sua figuração habitual. *Quanto ao filósofo, tudo o que ele pode constatar nessa ocasião é a irredutível necessidade de um certo cabedal de pensamento lógico matemático sem o qual a reflexão lógica fica desarmada.* Ele não pode justificar essa necessidade senão da maneira como Aristóteles estabelecia a do princípio da não contradição: para pôr em questão esta última, cumpre apresentar um discurso coerente, quer dizer, ainda obedecer-lhe. Da mesma maneira, para poder estudar a formalização de uma lógica ou de uma teoria matemática é preciso admitir, sem discussão, um *mínimo de princípios lógicos* e matemáticos[10].

Se o sr. Martin inclui a si próprio nesse "quanto ao *filósofo*, o que ele pode constatar", então ele pode dar a mão ou alguns dedos – algo já precioso – ao sr. Blanché, embora este último, sem dúvida, exigisse um pouco mais do que um certo cabedal de pensamento lógico, sobretudo se semelhante cabedal devesse ser isento de toda liga especificamente filosófica. Mas a questão se complica se o sr. Martin não encara a si próprio em seu "quanto ao filósofo" e se veria de bom grado designado por um eventual "quanto ao lógico matemático". Sem dúvida, semelhante fórmula convém à sua própria atividade científica e lhe acontece, de fato, de falar ele próprio de pensamento lógico matemático. Mas volta sempre a questão de saber se semelhante pensamento quereria ou não ser isento de toda liga filosófica. Caso sim, o sr. Blanché estaria longe. Porém, caso não o quisesse, não seria de crer que o mesmo sr. Blanché iria chicanar. Ele não é em nada o inimigo cego da nova lógica axiomatizada, nem mesmo judiciosamente formalizada. Sua intenção, ao estudá-la a fundo como fez, é, muito ao contrário, a de modernizar a boa velha lógica aristotélica que Port-Royal* não pode – visto

10 Ver *Centre International de Synthèse*, 1956, p. 13, grifos meus.

* Lógica de Port-Royal refere-se à obra de Antoine Arnauld; Pierre Nicole, *La Logique ou l'art de penser* (N. da T.).

que não as possui – cumular todas as graças necessárias para se colocar em dia e, chegando o momento, encontrar-se em suficiente posição de força para intervir, como interlocutor válido, no diálogo com a logística triunfante. E tudo isso só é feito em proveito de um outro partido, e em benefício também de uma concordância mútua, se a ciência de um pretendia abafar a reflexão da outra. Daí esta regeneração da lógica clássica que seu novo livro empreende, cujos dois capítulos cruciais definem um rigoroso método de sistematização conceitual. Daí depreendem-se as articulações que faltavam a uma reestruturação satisfatória do esquema (o quadrado lógico) da lógica clássica para que ele cessasse de ser "manco": o que lhe faltava, para equilibrar a estrutura de nossa razão, eram precisamente esses dois adjuvantes graciosos, isto é, para não falar sem metáfora, esses dois postos essenciais Y e U cuja adjunção, como veremos, permite ao sr. Blanché substituir o quadrado clássico por seu hexágono. Após semelhante cuidado de rigor, a lógica reaprumada dará suas provas das quais, precisamente sob a pena do sr. Blanché, fornecerá uma amostra, atacando-se o árduo problema dos futuros contingentes, a propósito do famoso argumento de Diodoro[11].

Mas gostaria de voltar por um momento à delicada questão que abordei mais acima por um viés psicológico e perguntar, no plano puramente reflexivo, se é possível lhe dar uma resposta satisfatória. Utilizo, de início, outro texto do sr. Martin, tomado de empréstimo da mesma discussão e que talvez soe um pouco diferente. Esse texto sobreveio depois de ter sido colocada a questão: unidade da lógica ou pluralidade das lógicas. Ei-lo:

> se considerarmos não os sistemas formais em sua diversidade, mas os *fundamentos lógicos matemáticos* necessários à formalização [expressão igual à precedente], constatamos que existe um *conjunto de noções e de princípios* [grifos meus, mais precisamente para tornar sensível a diferença com a segunda expressão que visa *noções* e *princípios* que

11 Cf. *Revue philosophique*, t. 45, 1965, p. 133-149, sobre a interpretação do χυριεύων λόγος.

> não são mais especialmente referidos à lógica matemática]. Eles são mesmo designados imediatamente como *indispensáveis à constituição de qualquer lógica por particular que ela seja* [grifos meus]. Podemos, pois, considerar este conjunto de noções como privilegiado em relação aos sistemas formais que ele permite construir. O pensamento lógico encontra assim, nas suas próprias fontes, uma certa unidade.

O sr. Blanché não se pergunta muito mais, se eu não me engano, e eis meus "alguns dedos", dos quais falei mais acima.

Mas eu gostaria de me arriscar um pouco mais no que ouso apenas denominar uma visão de conjunto, digamos uma tentativa de sobrevoo do próprio livro, tão instrutivo e tão preciso, pelo menos nas partes que os profanos podem acompanhar e que minha fraternidade de profano me induziria a balizar por estas poucas etapas. Fica claro que devo me limitar a breves indicações. A preocupação centrada na lógica matemática afirma-se desde o início. "A lógica matemática não põe em questão a existência de um pensamento formal e não se interroga sobre as condições que tornam isso possível".

"A formalização parte de um dado constituído por uma teoria não formal, cujas propriedades estruturais ela procura exprimir de maneira simbólica... O ponto de partida é uma matemática dedutiva, mas sobrecarregada em demasia de recursos à intuição", uma *matemática ingênua*, diz Bourbaki e esse termo tornou-se usual.

> Inversamente, pode-se, dado um sistema formal, estudar as propriedades do sistema, imprimindo um sentido às noções puramente formais do sistema. A *teoria ingênua*, assim obtida, constitui uma interpretação do sistema; e o estudo da correspondência que se pode estabelecer entre o sistema e sua interpretação é o objeto da *semântica*.

Cabe notar ainda que os dois procedimentos de formalização e de interpretação só assumem sentido um em relação ao outro, e que essa observação ainda assim é significativa pelo caráter não puramente artificial da formalização; e que "ingênuo" não significa concreto, falando em termos absolutos, porém, somente mais concreto e que resta um esforço a ser feito ao contrário para reduzir o ingênuo ao puro esquema lógico, e que uma teoria abstrata, e simbólica ela própria, é ingênua na medida em que está incompletamente formalizada.

Tal é, em breve resumo, a exposição preciosa do que não se deve ignorar a fim de prosseguir a leitura das páginas do sr. Martin, e descobrir esse apreciador fervoroso da lógica matemática, admirador de sua rigorosa precisão, a sofrer com todo obstáculo que esta possa encontrar em seu desejável progresso e, ao contrário, ávido de tudo aquilo que ele possa assinalar aí de positivo e enriquecedor. Gödel não aparece aí unicamente, ainda falta muito para isso, como o autor do "Alto lá!" de 1931, o que naturalmente não impede uma longa e sapiente exposição dos famosos teoremas de incompletude, cuja importância permanece marcante. Leia-se:

> Ele estabelece de maneira efetiva a existência de uma proposição, que não é demonstrável, nem refutável e, por conseguinte, a não completude sintáxica e semântica. Sua importância particular deve-se ao fato de que foi o primeiro *teorema de limitação estabelecido*; ao fato de que concerne a um sistema particularmente importante, a aritmética formal, e que acarreta como corolário a impossibilidade de demonstrar a consistência do sistema por procedimentos formalizáveis no sistema; enfim ao fato de que ele é suscetível de ser generalizado de diversas maneiras, graças a uma extensão da teoria das funções recursivas, e ao fato de que se pode relacioná-lo a outros teoremas de limitações[12].

A impossibilidade de obter sistemas absolutamente categóricos me parece, portanto, firmada. Vamos às conclusões. Eis uma formulação radical delas:

12 P. 122.

> o corolário de Gödel assinala o malogro das tentativas feitas para resolver com meios estritamente finitistas o problema do fundamento das matemáticas. Ele vale *a fortiori* para os sistemas efetivos que formalizam uma parte da matemática ingênua mais considerável do que a aritmética elementar"[13].

Entretanto, ele é obrigado a levar em conta a grande contribuição positiva de Gödel, sem que em nada se pudesse utilizá-la de modo convincente contra seu veto de incompletude. Mas a questão parece então mais ou menos enfraquecida em "um certo desinteresse pelo fundamento", não que se haja renunciado a situar a matemática formal dentro de um quadro mais amplo, do pensamento matemático[14], mas a ideia é adiantada por alguns de que "a lógica não nos revela nenhuma inteligibilidade distinta da inteligibilidade matemática". O que – salvo erro – parece inclinar o sr. Martin para uma posição menos terminante nas últimas páginas de sua conclusão:

> quando se tenta fazer um julgamento de conjunto sobre a formalização e sobre o vaivém do ingênuo ao formal que a acompanha, a atenção se detém naturalmente naquilo que se chama amiúde os fatos de limitação: teoremas de Gödel, de Church, de Lövenheim-Skolem etc. De sua existência conclui-se repetidas vezes, como vimos, pela inadequação radical de toda a formalização da matemática, tão logo esta atinja a força de uma aritmética. Essa afirmação demanda, entretanto, algumas reservas.

Notemos curiosamente que tais reservas são mais contingentes do que teóricas. Com efeito, elas adquirem sentido, no que se refere ao Teorema de Gödel de 1931. Trinta anos teriam mostrado que, a despeito do estrito veto, a confiança não teria faltado à teoria dos conjuntos, embora não se ignorasse a impossibilidade de dar-lhe uma formalização completa e categórica de modo que as pessoas se contentassem com uma adequação parcial

13 P. 175.
14 P. 182.

no interior dos limites firmados pelos teoremas negativos. Mais ainda, não se temia acrescentar que os riscos de desprezo puro e simples aumentam, ao contrário, com o cumprimento da demonstração e que, portanto, se a formalização acresce a segurança da dedução[15] não é porque há menos chances de enganar-se, raciocinando o tempo todo de maneira formal que, enfim, é seguro em todo caso que uma axiomatização ingênua parece bastar à prática de matemático.

Eu perguntaria então se é preciso dizer: "fonte formalizante, eu não beberei mais de tua água"? E eu ouço que respondem: a indiferença ao formalismo estrito é mais aparente do que real; e esse ato de esperança, de fé sem dúvida, primeiramente: sabe-se de fonte segura que a formalização é impossível e, no entanto, acabam de conceber seres aos quais as axiomatizações comuns não concedem lugar: tal como a noção de *categoria de conjuntos*. Para trás, portanto, os cânones adorados e haja lugar ao ingênuo de amanhã. E por isso a formalização não pode gabar-se de frustrar todo e qualquer retorno ao raciocínio ingênuo. – E se alguém vos diz que a não categoricidade da teoria formal dos conjuntos não é sinal de inadequação, *senão porque* [grifos meus] *nós sabemos distinguir no plano do ingênuo o enumerável do não enumerável* – somos levados a invocar um "mínimo de realismo" fora do qual a própria matemática cessaria de ser uma ciência no sentido forte da palavra, isto é, uma atividade de conhecimento voltada para um real – remeto então ao tema "retorno ao natural" que será a insígnia de *Estruturas Intelectuais*, e me surpreendo dessa vez ao julgar miúdo o gesto de dois dedos, em relação aos quais eu medi, de início, a possível adesão do sr. Blanché. Três outros não seriam aí demais.

Uma palavra, enfim e sempre, a propósito de sua cruzada em favor de seu arrazoado "reflexivo" em favor da volta ao natural e desta razão espontânea para a qual ele prepara um escudo lógico estrelado com seis pontas. É de seu parentesco ainda que se trata, mas em outra "linha" ascendente, desta vez, aos senhores de Port-Royal.

15 P. 187.

Ora, verifica-se que, bem recentemente[16], uma nova e minuciosa edição da lógica de Port-Royal, esgotada há muito tempo, veio reconduzir nossos olhares, que se haviam desviado um pouco, de volta para essa obra maior do pensamento francês do século XVII. É um simples encontro entre os senhores de Port-Royal e um jovem senhor, o futuro duque de Chevreuse, cujo pai, duque de Luynes havia traduzido, em 1644, as *Meditationes* (Meditações) de Descartes, que deu origem à famosa *Art de penser* (Arte de Pensar), de início apresentada como "uma pequena obra de encontro, devida antes a uma espécie de divertimento do que a um desígnio sério". Tratava-se de instruir, em algumas horas, de "tudo o que havia de útil na lógica" esse jovem senhor que "em uma idade pouco avançada, deixava aparecer muita penetração e espírito". Mas o grande Arnauld entrou no caso, e o encontro foi registrado por escrito e muitas cópias mais ou menos exatas dele circularam e tornaram necessário fazer uma primeira edição em 1662, sob o seguinte título: *La Logique, ou l'art de penser* (A Lógica, ou a Arte de Pensar), contendo, além das regras comuns, muitas observações novas, próprias para formar o julgamento, por Antoine Arnauld e Pierre Nicole.

Um primeiro, um segundo "discurso", depois do que duas partes sucessivas: eis as novas tábuas da lei. A primeira aplicação proposta seria de "formar seu julgamento e torná-lo tão exato quanto ele pode ser. Servimo-nos de sua razão como de um instrumento para adquirir as ciências quando se deveria, ao contrário, servir-se das ciências para aperfeiçoar a sua razão", pois as ciências têm às vezes "recantos e reentrâncias muito pouco úteis". Mas a verdadeira razão que "coloca todas as coisas na posição que lhe convém", e que, nos fazendo adivinhar o erro, nos permite "formar regras para evitar, no futuro, de sermos surpreendidos", sem esquecer que "a maior parte dos erros dos homens não consiste em se deixar enganar por más consequências, mas em deixar-se levar a falsos julgamentos dos quais se tira más consequências". Portanto, julgar bem para concluir bem. Conhecer, julgar racio-

16 *La Logique, ou l'art de penser*, Paris: PUF, 1965.

cinar, ordenar: tais são as palavras mestras da ordem da arte de pensar e do método que é preciso empregar no caso.

Mas tudo isso

> se faz naturalmente também, e algumas vezes melhor, por aqueles que não aprenderam nenhuma regra da lógica. Assim, essa arte não consiste em encontrar um meio de efetuar essas operações, visto que a natureza sozinha no-lo fornece, *dando-nos a razão*, mas a fazer reflexões sobre aquilo que a natureza nos faz fazer, que nos servem para três coisas. A primeira é estarmos assegurados que *usamos bem a nossa razão*, porque a consideração da regra nos faz prestar aí uma nova atenção. A segunda é descobrir e explicar mais facilmente o erro ou a falta que se pode encontrar nas operações do espírito. Pois acontece, amiúde quando se descobre pela exclusiva luz natural que um raciocínio é falso e que a gente não descobre, não obstante, a razão por que ele é falso. A terceira é a de *nos fazer conhecer melhor a natureza de nosso* espírito pelas reflexões que efetuamos sobre suas ações.

A esses três preceitos acrescenta-se uma constatação: a existência de outrem que faz com "que nós não possamos fazer entender nossos pensamentos uns aos outros senão acompanhados de signos exteriores; e que mesmo este costume é tão forte que, quando pensamos a sós, as coisas só se apresentam ao nosso espírito com as palavras com as quais nós nos acostumamos a revesti-las ao falar com os outros": é, portanto, necessário, na lógica, considerar as ideias junto com as palavras e as palavras junto com as ideias. Mas essa ligação das ideias e das palavras, precisamente porque se impõe, deve nos despertar para as armadilhas e para as próprias palavras quanto aos seus sentidos, e para seu modo de ligação com as ideias, sem esquecer a impossibilidade, apontada por Pascal, de tudo definir.

Em suma, que se tratasse de definir as palavras, de enunciar os juízos corretamente, de seguir com rigor a cadeia de suas consequências é a *razão* sempre que está em causa como fonte primeira e como critério final de toda a nossa atividade lógica, qualquer que seja – pois ela pode tomar muitas formas, matemáticas ou outras. Mas essa razão, luz introduzida em nós pela natureza, como ensinava Descartes, é, com toda evidência, a razão *em seu natural* o que a torna dominadora do pensamento, órgão privilegiado da *lógica operatória natural*, segundo a própria expressão do sr. Blanché, seu advogado e pertinente defensor, que advoga ao mesmo tempo o fato e o direito, como se diz no Palais*, oferece-nos uma verdadeira anatomia da razão fundamental com suas estruturas e as articulações de seu funcionamento. Será necessário dizer que não é de pensamento infantil, nem de pensamento selvagem que se trata, mas de pensamento adulto, já amadurecido e comprovado. A linguagem corrente fala da vocação como de um apelo à natureza verdadeira, mas a resposta a esse apelo não está no primeiro vagido da criança. Os trigos sempre ceifados como novos nada diriam da fecundidade da terra, tampouco a razão, consultada antes da hora, dará a prova de seu discernimento.

Aprendamos a conhecer do que e de quem estamos falando. A lógica de Port-Royal enuncia:

> o infinitivo que é amiúde um nome, um substantivo, como quando se diz *o beber, o comer*, é pois diferente do particípio no fato de que os particípios são substantivos-adjetivos e que o infinitivo é um nome-substantivo, feito por abstração desse adjetivo: ele deve, portanto, permanecer por certo, caso se considere simplesmente apenas aquilo que é essencial ao verbo, sua única verdadeira definição é uma palavra que significa a afirmação, mas, se se quiser incluir na definição do verbo seus principais acidentes, poder-se-á defini-lo assim: uma palavra que significa a afirmação com designação da pessoa, do número e do tempo. É o que convém propriamente ao verbo substantivo[17].

Enfim, essa indicação que confirma o que encontramos, em tudo aquilo, da análise de estrutura intelectual: "cumpre ainda notar

* Palácio da Justiça (N. da T.).
17 Idem, p. 111-112.

que, embora todos os nossos juízos não sejam afirmativos, existem aí juízos negativos, os verbos sempre significam afirmações: as negações somente se distinguem por partículas, *não, nem, nenhum, ninguém* que juntas aos verbos mudam a afirmação em negação". Da análise que, muito naturalmente, versa, de acordo com os elementos, sobre a ligação deles que é uma proposição, conservarei somente um ponto a propósito do qual veremos analisada de maneira muito precisa uma dificuldade que vai desempenhar um papel decisivo para conduzir o sr. Blanché à reestruturação do quadrado lógico, primeira etapa da construção de seu hexágono, isto é, para o coração mesmo de sua teoria.

Eis a coisa: Port-Royal acaba de distinguir as quatro famosas proposições A, E, I, O e indicar que A e E "ligam-se" segundo a quantidade (universal) mas diferem segundo a qualidade (afirmação ou negação) e do mesmo modo I e O; e que é fácil verificar que sua oposição só pode ser de três espécies, "pois, se elas forem opostas em quantidade e qualidade conjuntamente, como A.O e E.I, elas serão chamadas contraditórias. Mas os homens, querendo abreviar os seus discursos" e que os termos sejam *ou singulares ou comuns e universais*, pode acontecer

> uma diferença notável nas proposições. Pois quando o sujeito de uma proposição é um termo comum, tomado em toda a sua extensão, a proposição se denomina universal (seja afirmativa, seja negativa). Mas quando o termo comum é tomado apenas segundo uma parte indeterminada de sua extensão, por estar encerrado pela *palavra indeterminada, algum*, a proposição denomina-se particular, quer afirme (algum [sujeito] cruel é covarde), quer negue (algum [sujeito] pobre não é infeliz)[18].

Mas se o sujeito é singular, como quando eu digo: Luiz XIII tomou La Rochelle, ela é chamada de singular e, *embora* ela seja *diferente da universal*, no fato de que seu sujeito não é comum, ela deve, *não obstante, reportar-se mais a particular.*

18 Idem, p. 114-115.

 Aristóteles já havia salientado esta anomalia. Esta se explica

> porque o sujeito, pelo mesmo fato de ser singular, é necessariamente tomado em toda a sua extensão, o que constitui a essência de uma proposição universal, e que a distingue da particular. Pois pouco importa para a universalidade de uma proposição que a extensão de seu sujeito seja grande ou pequena, contanto que, qualquer que seja, nós a tomemos toda por inteiro. E daí por que as proposições singulares tomam o lugar das universais[19].

Talvez haja aí uma razão mais filosófica do que essa falsa simetria lógica. Mas aqui não é o lugar de eu me explicar a esse respeito. Conservarei somente a conclusão aqui tirada do ponto de vista lógico e que é a redução a quatro espécies A.E.I.O. do quadrado que encontraremos, eu o disse, no ponto de partida da reestruturação do sr. Blanché e na sua interessante análise do papel de *aliquis**.

Daí a conclusão a qual eu queria chegar e que, não veiculando menos contribuições aristotélicas do que outras pertencentes aos lógicos de Port-Royal, bem impregnados eles próprios da tradição da Escola, nos fará desembocar no limiar das *Estruturas Intelectuais* do sr. Blanché, no domínio da lógica reflexiva em que veremos a razão aristotélica de Port-Royal encontrar-se, por assim dizer, em família, como se alguns traços marcantes de seu semelhante assinalassem seu parentesco com a Razão, império desse novo reino e pronta a um armistício armado cortesmente com o império vizinho da lógica, da formalização.

Com efeito, do itinerário que acabamos de seguir surgiu um número suficiente de traços que, ligados em um feixe, estabelecem uma semelhança compósita. A arte de pensar de Port-Royal não estará na base da razão, da razão espontânea, tomada em seu natural, se ela deve esse dom, como é dito, à natureza. Mas seria vão, entretanto, procurar o tipo exato de uma tal razão na criança

19 Idem, p. 115.

* Em português, alguém, algum, alguma coisa, indeterminada, mas existente (N. da T.).

tão logo tenha nascido. É preciso esperar a idade flutuante do adulto, dito cambiante, para que ele se realize como razão e, desta vez, razão tomada em sua verdadeira forma natural, especificamente humana, e dona de todos os seus meios intelectuais, múltiplos como suas estruturas. Razão capaz, nós o vimos, "de colocar todas as coisas na ordem que lhes convém" de distinguir o verdadeiro do duvidoso e do falso, e de se proporcionar, para isso, as regras necessárias. De que essa natureza não possa ser desligada de sua realização, nós também encontramos no caminho múltiplos indícios: de que, por exemplo, deveríamos nos servir das ciências para formar a sua razão, ou de que são esses falsos juízos que produzem as más consequências e que o hábito de prender nossa reflexão, assim como às nossas ações que nos leva a conhecer melhor a natureza de nosso espírito. Que suceda o mesmo com o que havíamos pouco a pouco digerido do ensinamento da escola. E a esse respeito não se trata de eliminar Aristóteles a quem se homenageia por ter dito quase tudo sobre isso, e em que o quase nada que há para renegar ou retomar é igual e minuciosamente indicado e retificado, mas para ser revertido ainda em homenagem ao esforço de análise, mesmo se infeliz, mas de exemplo sempre proveitoso, revertido assim à grandeza do aristotelismo. Citemos, para confirmar essa síntese: "É visível, aliás, que os pontos de vista que foram retomados são de pouquíssima importância e não tocam de modo algum o fundo de sua filosofia que não temos nenhuma intenção de atacar".

Eis-nos, pois, no ponto em que deviam, com efeito, convergir os caminhos que seguimos através dos livros do sr. Blanché e das paisagens de seu espírito – paisagens do passado e do presente que nos levaram a encontrar e, pouco a pouco, a desenhar essa razão, fonte e norma, para ele, de toda lógica imaginável, e tal como, enfim, em verdadeira posse de si mesma, ela se encontra, por assim dizer, a si própria, e se reconhece, como nós a reconhecemos, desde as quase primeiras linhas do novo livro que queremos expor em sua melhor luz e o qual, ao lê-lo, ver-se-á desenrolarem-se as ricas e rigorosas sequências implicadas nesse título severo: *Estruturas Intelectuais: Ensaio sobre a Organização Sistemática dos Conceitos*.

Nós esperávamos realmente – não é verdade? – a preocupação que, ao nosso entender, enunciava-se imediatamente:

> a lógica não é mais apenas formal, ela se tornou formalista. Essa mutação lhe permite acessar o nível da ciência, no sentido mais estrito desse termo. No entanto, uma tal promoção deve ser paga com alguns sacrifícios. A exigência de rigor impôs certos abandonos, ao menos provisórios.

Enigma angustiante que é também de toda disciplina em vias de se constituir em ciência autônoma, cujo desejo de objetividade científica não pode levar até o abandono de sua própria especificidade. É o caso da psicologia dividida entre consciência e comportamento, ou da sociologia, entre o caráter de objeto que ela quer assegurar ao fenômeno social e o aspecto individual que ela gostaria de lhe reservar sem se livrar dele de início a não ser sacrificando o individual – suspeito de irredutível subjetivismo –, ao humano, o qual ao menos pode oferecer à estatística um dado objetivo por ser de feição coletiva.

No caso da lógica, quais abandonos há motivos para temer? O sr. Blanché responde que o antigo alvo de normatividade não pode ser totalmente esquecido, mas que outro desígnio, justamente o da especificidade científica, rompeu o equilíbrio em que a lógica clássica tentara permanecer – mas o que pensar das novas lógicas? Desde Boole, a correspondência entre a teoria lógica e a *lógica operatória natural* não cessou de se afrouxar. Alarme tanto mais sério quanto essa lógica operatória engloba com nossos procedimentos científicos a "totalidade de nossas tentativas intelectuais", isto é, nosso próprio poder de reflexão, e o raciocínio, isso que denominei mais acima de nossa razão, "tomada em seu natural", que não consiste de modo algum em um simples retorno ao psicologismo: é efetivamente uma estrutura objetiva e intemporal e que traz gravada a própria norma dos procedimentos de todo pensamento disciplinado.

Trata-se de um *a priori*? Sim e não. Não, porque essa estrutura não está colocada pura e simplesmente como princípio de explicação quase transcendente, nisso que nosso autor se esforça em estabelecer seus pormenores através do método reflexivo e com um rigor de análise que não deixa de aproveitar o exemplo, a esse respeito, da nova lógica. Mas essa estrutura mental armada de modo diferente que o da razão da lógica clássica, de onde vimos que ela procede, irá funcionar *um pouco como um a priori*. Não é, aliás, o caso único de um emprego bastante análogo do termo *a priori* – eu digo bastante análogo, e não mais, ao *a priori* do comportamento de Merleau-Ponty e, por que não, igualmente ao papel que um Piaget faz essa noção desempenhar, adquirida sem dúvida, mas consolidada em sua hora biológica e, uma vez consolidada, funcionando então como verdadeiro substituto do intemporal, quer dizer, da *reversibilidade* (não só operatória). Seja como for, com precaução, sem dúvida, mas formalmente, entretanto, o sr. Blanché introduz, com efeito, uma espécie de *a priori*, escreve ele:

> a prudência que inspira toda tentativa de detecção de um *a priori*, diante dos sucessivos desmentidos da história das ciências não deve nos impedir de nos perguntarmos se atrás dessas estruturas, mais ou menos acidentais, não será possível reconhecer um modo de estruturação mais essencial, diretamente comandado por operações completamente elementares, sem as quais o pensamento, inclusive o mais humilde, não poderia em absoluto funcionar.

E ele cita a conjunção e a negação com as duas palavrinhas *e* e *não*, o poder de aceitação e de recusa, de adição e de composição, e mesmo (coisa mais contestável) como condição de todo pensamento delimitado, a repugnância em admitir por fim uma proposição e sua negação, isto é, uma submissão implícita, entretanto, ao princípio de contradição. Tal é a bagagem inicial.

Não se pode, portanto, perder de vista, para pensar logicamente, que é preciso de fato convocar o *exercício natural do pensamento*. Acrescentemos que o sr. Blanché não julga com isso trair a nova lógica, porque, ao contrário, ele irá não só detectar esse pensamento natural, mas enriquecê-lo também, instruí-lo com o rigor mesmo que ele próprio cultiva devido a sua prática logística. É como especialista consumado que ele procede à organização sistemática das estruturas intelectuais. Referindo-se à tradição que ele não aparta, retifica Aristóteles, adapta Port-Royal; e, no terreno da lógica contemporânea, pode-se dizer a seu respeito que se trata de um campeão da sutileza, mas de uma sutileza que nada tem de factícia, visto que ele se refere incessantemente à linguagem usual e ao pensamento comum. Ele não hesita em falar conforme outro conhecedor da "maneira de ser" congenial ao espírito. Mas é esta maneira de ser que ele deseja reencontrar nessas famílias de conceitos que disseca diante de nós para descobrir suas articulações, a partir desses operadores mais simples que são a negação, a disjunção e essas famosas *Estruturas oposicionais* que desempenham, nele, o papel principal e nas quais ele acredita ver – com algum excesso de exclusividade talvez – uma "forma original e permanente de pensamento". Entretanto, nota que não está dizendo *a* forma, mas *uma* forma, matiz não desprezível. Em todo caso, é uma forma que é bastante permanente para não ter se deixado apagar pelas estruturas lineares e, em particular, pelas escalas graduadas da ciência atual, que, quando encontra a qualidade sente-se, por sua vez, muito agradecida... Advogado somente das estruturas oposicionais, ele introduz sua "modéstia" e sua "pobre figura" sobre as escadas do templo como simples suplicantes, mas é para mostrá-las, depois de escalados os degraus, "apresentadas à ponta do progresso da ciência".

Ninguém se espantará que seja necessário – para se atrever a isso – desenhar com mão de mestre a figura e o jogo dessas estruturas oposicionais, e retomar o plano de Aristóteles e o desenho do quadrado de Apuleio para reestruturar tudo, a fim de que, ao olho inquisidor do mais rigoroso lógico, não apareça nenhuma falha. O novo livro irá nos detalhar a operação. Esta consiste em desligar essas estruturas elementares do quadrado lógico que as suportava de maneira claudicante, para estendê-las sobre um hexágono perfeitamente adequado, cuja estrela de seis pontas sustentará todas as articulações do pensamento lógico fundamental e sem o que a mais perfeita formalização permanecerá sem sustentação. O êxito dessa nova organização das famílias de conceitos segundo essas estruturas oposicionais é tão garantido que os termos que, de antemão, definem o programa a realizar poderão servir também de conclusão ao próprio livro. Perceber-se-á que não se prestam a isso somente qualidades ou atributos, nem mesmo, de maneira mais geral, predicados, porém conceitos... englobando notadamente operadores lógicos como os quantificadores, os operadores modais, os conectores interproposicionais. Mesmo na matemática quantitativa, ver-se-á, a família das cópulas, que marcará as diversas relações elementares de que são suscetíveis duas grandezas, ordena-se de uma maneira perfeitamente nítida, a ponto de se poder tomar por exemplar, segundo uma estrutura oposicional em seis termos!

Não se trata de resumir essa ampla e às vezes severa demonstração, mas de fornecer a seu respeito uma ideia provida de algumas observações para incitar e também auxiliar a ler esse livro notável pelo que ele tem de pessoal e por sua precisão rigorosa e densa da exposição. O autor tomou a preciosa cautela de introduzir ao leitor, talvez, um pouco mais de familiaridade do que, em geral, há com a teoria aristotélica. Não era inútil, por essa dupla razão, que fosse preciso seguir Aristóteles em primeiro lugar, em seu próprio terreno, o das proposições, limitadas, aliás, às proposições atributivas; e, depois, abandonar Aristóteles para ocupar-se da oposição dos conceitos em que não houvesse nada a ganhar acompanhando-o.

Daí um primeiro programa de descascar e de adaptar para passar das proposições aos conceitos, sem antes ter resgatado o primado da diferenciação das proposições segundo sua qualidade (negativas ou afirmativas) que não deve ser mesclada à sua quantidade (universais ou particulares) tanto mais quanto – nós o vimos a propósito de Port-Royal – constitui algo bastante fictício atribuir a universalidade a proposições singulares com sujeito individual. E acerca deste ponto, como de tantos outros, não se poderá deixar de reparar o constante cuidado do autor em ver respeitada, em benefício da razão, a hierarquia natural das noções. Sobre este ponto presente, ele dirá que não era nem necessário, nem desejável, para engendrar as quatro proposições clássicas (A, E, I, O), fazer intervir no esquema formal a diferenciação segundo a quantidade, em concorrência, com a qualidade: "É embaralhar os níveis" (p. 77). Coisa que evidentemente a lógica recusa e o sr. Blanché, que a conhece a fundo, rejeita não menos do que ela. Com a logística, sempre aprova que as quatro relações de oposição expressas pelas quatro relações interproposicionais que lhes correspondem no quadro das funções de verdade, consideram apenas a propriedade que caracteriza toda proposição em geral, ou seja, a de ser verdadeira ou falsa.

É assim que se combinam o cuidado da referência ao natural e o de um formalismo satisfatório. Essas preliminares encaminham à reestruturação da teoria clássica e à passagem do quadrado ao hexágono, cerne da teoria do sr. Blanché, e que comanda todos os capítulos que seguem.

Compreende-se que para pôr a teoria proposta em seus trilhos cumpre antes de toda generalização:

> separar a estrutura oposicional do emprego particular que se fez com ela para as proposições atributivas *quantificadas* e aprender a ler o esquema abstrato sob aquilo que é somente uma de suas realizações concretas. Será preciso, pois, apartá-la, em primeiro lugar, de seu comércio com a quantificação; em segundo lugar, de sua aplicação às

exclusivas proposições atributivas homônimas; e em terceiro lugar, de sua sujeição aos casos das proposições (p. 75).

Convém lembrar que a diferenciação segundo a qualidade é mais primitiva e mais geral do que a diferenciação pela quantidade, pois a afirmação e a negação relacionam-se com a alternativa do verdadeiro e do falso; e, de outra parte, uma relação de oposição só pode ser de negatividade, ao passo que, ao contrário, a quantidade não é princípio de oposição.

Essas observações encaminham para uma inversão de ponto de vista que favorecerá a generalização necessária. É o que assim se exprime: "em vez de inferir as leis da oposição da definição das [proposições] opostas, define-se agora as opostas pelas leis da oposição: serão ditas contrárias, por exemplo, duas proposições que seguem a lei dos contrários, quer dizer, que são incompatíveis" (p. 80-81). Enfim, aqui é mostrado aquilo que o autor denomina, a partir das observações precedentes, uma *generalização esquematizante* que transforma "a teoria da oposição de *proposições* em um instrumento de estudo aplicável à oposição dos *conceitos*" (p. 81). Daí resulta, enfim, a necessidade, para desenvolver esta generalização esquematizante, de renunciar ao quadrado lógico de Apuleio, doravante inadequado, e de combinar uma "estrutura mais complexa, que não o abolisse, mas onde ele se reencontrasse como forma degenerada" (p. 82). Este será o hexágono lógico com seus 2 novos postos: Y que absorve I e O, para produzir o triângulo dos contrários (A E Y) e U que absorve A e E, para produzir o triângulo dos subcontrários U I O (favor reportar-se à figura). Assinalemos aqui uma suspensão para saudar, na invenção dos postos Y e U e na héxade que os dois triângulos formam, a contribuição original e fecunda do autor, e que deve compensar o leitor pelo esforço de atenção requerido de sua boa vontade. Esse esquema verdadeiramente novo tem toda flexibilidade desejável, visto que ele se deixa decompor, como a gente se dá facilmente conta, seja como um trio de díades, ou um par de tríades.

Poder-se-á medir no curso da leitura, em muitas passagens, a importância e as consequências da introdução desse posto Y, não somente do ponto de vista puramente lógico, mas como signo da preocupação constante, que já assinalei, de fazer corresponder o emprego técnico ao emprego comum. Sobre este Y, o capítulo 4 deter-se-á longamente. Mas, desde o seu aparecimento no começo do capítulo 2, o autor já enceta a questão do *aliquis* à qual fiz alusão ao falar de Port-Royal. Ouçamos o sr. Blanché:

> Em todas as grandes línguas de nossa civilização ocidental [...] a palavra a que corresponde o francês *quelque* (algum) e o latim *aliquis* tem comumente *um sentido restritivo não menos do que existencial.* Sem perder seu caráter afirmativo, *ele é antes sentido, em geral, em sua oposição a "todos"*. [...] Peçam que se nomeie o que contradiz "algum" ou "alguma vez", é quase certeza que a resposta será "muito" e "amiúde". *Acrescentem "algumas vezes" e apaguem "amiúde"*. [...] Trata-se, portanto, de um conceito parcialmente afirmativo e parcialmente negativo, que não é exclusivamente nem um nem outro, e que deveria ser situado em uma linha divisória entre a afirmação total [A] e a negação total [E]. [...] Ela possui, ao lado do quadrado lógico, sua originalidade própria, e como precisamos de um símbolo para designar o posto que a distingue, recorreremos à vogal Y. Doravante, Y significará, pois, para nós a conjunção ou produto lógico de I [proposição particular afirmativa] e de O [proposição particular negativa] ou, o que dá no mesmo, a rejeição simultânea ou negação conjunta de A [universal afirmativa] e E [universal negativa]; quer dizer [...]: algum sim e algum não, nem todos nem nenhum (p. 86-87, grifos meus).

Encontrar-se-á também discutidos as objeções dos lógicos contra essa tríade A E Y e que levam nosso autor a dizer: "Pior para a Lógica!".

Blanché voltará à questão no início do capítulo 4 que remata a reestruturação – positiva desta vez – da teoria clássica com o quadro completo do hexágono lógico. Nesta perspectiva definitiva, a tríade A E Y aparece como um quadro completo das relações de contrariedade, que exige ser substituída, como elemento, em um sistema geral de opostos. Não será a tétrade dos opostos que a substituirá, que é apenas uma de suas partes, mas a díade dos contrários (cf. p. 95). E uma vez mais, a escolha aqui fixada é determinada pela preocupação com a "ordem mais conforme à razão" (p. 97), cuja *ordem torna mais natural escolher* como primeiro aquele dentre os conceitos que é, como A e E, exatamente determinado e, com ele, completa um sistema desde então perfeito.

> [Ora, Y é] uma particularidade média ou neutra, sobre a qual avançarão de uma parte e de outra uma particularidade existencial ou afirmativa e uma particularidade restritiva ou negativa, assim como essas transbordam, por seu outro lado, sobre cada uma das universais. Teremos então três espécies de *algum* (p. 97).

Mas esta dissociação não atrapalha em nada e, ao contrário, dissipa confusões que levavam J. N. Keynes a dizer que "muitos lógicos não souberam ver as armadilhas que cercam o emprego da palavra *algum*".

Acrescentemos ainda, para aclarar tudo, que o novo sistema ternário A E Y não pode, sem dúvida, abarcar à primeira vista as contraditórias que são necessariamente diádicas (A O, de uma parte, E I, de outra). Mas é fácil explicitar, para cada termo, aquele que é nele a negação. Com efeito, o novo posto Y (da tríade A E Y) já contrai em si as contraditórias de A e de E, que são O e I. Logo, para conservar Y, bastará admitir três espécies de proposições particulares: as existenciais I, as restritivas O e as neutras Y que foram aí adicionadas. Pouco importa que este Y não seja primitivo, porém derivado de I e de O que ele veio a combinar; ele traz uma precisão necessária e uma feliz correspondência com a razão e a linguagem comum. No fim de contas, só resta a alternativa de constituir a negação contraditória de Y. Daí a segunda invenção do sr. Blanché: o posto U.

Enfim, generalizações:

> uma vez que os três termos A E Y [escreve o sr. Blanché] são mutuamente exclusivos e coletivamente exaustivos, a posição de um equivale à negação simultânea dos outros dois, e a negação de um resulta na posição de *um ou outro* dos dois que restam. O contraditório de qualquer um dos termos da tríade pode, pois, construir-se como a disjunção dos dois outros. Já havíamos visto isso para I e O, respectivamente analisáveis em A∨Y e E∨Y, nós o reencontramos para U, analisável em A∨E (p. 98-99).

Este U não se encontra, aliás, aí, por motivos de simetria. Ele atende ao pensamento do "tudo ou nada":

> De um modo mais geral, ele simboliza a própria ideia dos extremos, oposta à do caso médio, a ideia dos *termos* no sentido próprio da palavra ὅροι, o que delimita. É assim que [...] os matemáticos reúnem os dois conceitos das *maxima* e das *minima* naquilo que eles chamam de os *extrema*: o extrema (U), é o que é máximo ou mínimo (A∨E), e não está entre os dois (não-Y). (P. 99.)

Não se trata de uma janela cega.

O fim do capítulo deve ser lido com atenção, pois explicita a fecundidade do que precede. Cabe reter ainda, antes de concluir, estas máximas significativas:

> *Não é a particularidade* que acarreta a indeterminação, é a *disjunção* [...]: esta ou aquela. Ao passo que as conjunções não comportam tal indeterminação. Daí por que Y, que é particular como I e O, é, no entanto, determinado como A e E, porque só conserva de I e de O seu elemento comum, aquele que, com A e E, completa o sistema. Inversamente, U, que se pode considerar como universal, é indeterminado como I e O, e por uma razão análoga. Com o quadrado lógico, a ausência de Y não deixa quase aparecer o caráter

> disjuntivo de I e de O, e a ausência de U, não deixa quase aparecer o caráter conjuntivo de A e de E (p. 101).

Os capítulos 3 e 4, acabamos de vê-lo, analisam essas propriedades formais da estrutura hexádica, notável por sua regularidade e por suas simetrias. Os capítulos seguintes mostram como o emprego desta estrutura permite organizar de maneira sistemática, dispondo-as segundo uma rede de relações mútuas, agora conhecidas de antemão e que permanecem idênticas de uma para a outra, famílias de conceitos de diversos tipos. Por aí muitas confusões ver-se-ão dissipadas e o leitor ver-se-á em condição de apreciar o valor desse novo instrumento lógico.

Mas é tempo de eu me deter. Eu não desejaria deixar crer que quero substituir Blanché, quando o meu propósito não é sequer o de resumir, ainda que fosse nas grandes linhas, o seu livro inteiro que irradia plenitude e originalidade. Eu quis somente tentar, leitor profano, facilitar aos profanos seu trabalho de leitura, de fazer com que eles não se vejam privados do fruto benéfico de seu esforço. E que minha última palavra seja para salientar a modéstia demasiado grande do autor no julgamento que ele mesmo faz de seu hexágono quando diz a seu respeito:

> Ao empregar para sua construção apenas duas ou três operações intelectuais, inteiramente primitivas e elementares, e poder, pois, ser considerado como uma estrutura formal do pensamento em geral, o hexágono lógico apresenta, em relação ao quadrado de Apuleio, diversas vantagens (p. 107).

Georges Davy
do Instituto Internacional de Filosofia Política,
junho de 1966

Prólogo

O desenvolvimento prodigioso que a lógica conheceu há um século modificou profundamente seu caráter. A língua lógica torna-se, como a da álgebra, uma "característica", um sistema de símbolos gráficos. A teoria da dedução, com tudo que pressupõe e implica é, ela mesma, exposta dedutivamente, *more geometrico* (de maneira geométrica). Depois, seguindo o exemplo dos matemáticos, na mesma época, e em ligação estreita com eles, os lógicos sujeitam sua apresentação simbólica e dedutiva às exigências, primeiro, da axiomatização e, em seguida, da formalização. A questão agora é um cálculo sobre signos, a partir de um vocabulário de base e de algumas fórmulas iniciais colocadas de modo decisório, e que se desenvolvem segundo regras explícitas de formação e de transformação de expressões. A lógica não é mais somente formal, ela se tornou formalista.

Esta mutação permitiu-lhe chegar ao nível da ciência, na acepção mais estrita desse termo. Só que tal promoção teve de ser paga com alguns sacrifícios. A exigência de rigor impôs certos abandonos, ao menos provisórios. Com efeito, tomar posição entre as ciências era ao mesmo tempo cessar de dominá-las, de ser seu "órgão" comum, para particularizar-se e, por eminente que seja o lugar que se pretender consignar-lhe, situar-se em alguma parte entre outras, *una inter pares*. Sem dúvida, a antiga meta de normatividade geral não está totalmente esquecida, mas a predominância acrescida da outra meta, a da especificidade científica, rompeu o equilíbrio em que a lógica clássica havia tentado permanecer. Esta, procurando ao mesmo tempo constituir-se como uma disciplina exata, sempre tomara o cuidado de manter a teoria em estreito contato com as de nossas operações intelectuais que qualificamos de "lógicas". E é na medida mesma em que ela respeitava esta coincidência que ela podia interessar ao filósofo. Ora, a nova lógica, dita lógica matemática, lógica simbólica ou logística, foi obra de matemáticos que, preocupados antes de tudo em construir, segundo os métodos que lhes eram familiares, um sistema que estivesse exatamente adaptado às necessidades de sua ciência, negligenciaram, ou até voluntariamente excluíram, aquilo que não se acordava com esse propósito. Desde Boole, a correspondência entre a teoria lógica e lógica operatória natural não cessou de se afrouxar. Como se, chegada a um certo ponto de desenvolvimento, a lógica não mais pudesse perseguir ao mesmo tempo, com escrúpulo igual, seu duplo objetivo: o do impecável rigor formal e o da adequação fina aos procedimentos lógicos espontâneos. Cumpria escolher, dar prioridade a uma ou a outra destas duas finalidades.

O sucesso justificou a opção formalista. Ele não proibiu, no entanto, que alguns, com a curiosidade orientada de outro modo, nutrissem uma preferência inversa e que, aproveitando certos ensinamentos que lhe traz a renovação contemporânea da lógica, mas sem impor a si mesmo seu novo estilo nem se submeter aos seus imperativos, eles se atribuem como tarefa primeira refletir tão fielmente quanto possível, em suas especulações, as operações, as relações e as estruturas que se manifestam em nossa lógica operatória, tal como a pressupõem não somente o conjunto dos procedimentos científicos, mas de um modo mais geral ainda, a totalidade de nossas tentativas intelectuais. Ao lado da lógica matemática, um lugar continua disponível para uma lógica concebida como uma disciplina reflexiva conduzida a *more philosophico* (de modo filosófico), cada uma dessas duas maneiras de entender a lógica – que não diferem essencialmente a não ser pela predominância que concedem a uma ou a outra dessas duas finalidades – levando seu complemento à outra.

Um livro que aparecerá em breve nesta coleção, sob o título *Raison et discours* (Razão e Discurso)[1], esforçar-se-á para justificar esse interesse permanente por uma lógica reflexiva – uma forma de lógica que os filósofos, ao deixar a lógica para os matemáticos como uma especialidade curiosa e como se sua maneira de tratar fosse a única pertinente, parecem ter hoje quase abandonado. E é verdade que as justificações teóricas, quando nenhuma realização vem sustentá-las, correm o risco de aparecer como simples quimeras. Toda defesa é vã se não vem acompanhada de uma ilustração. O presente livro se propõe a uma dessas ilustrações. Ela se localiza, como convém sem dúvida a uma primeira tentativa, ao nível mais simples, o da organização dos conceitos. Esperamos que ela seja suficiente para mostrar, pela virtude do exemplo, que a reflexão sobre a lógica operatória não obriga de modo algum a recair no psicologismo, segundo a falsa alternativa que os lógicos formalistas tendem a opor a quem quer que se desvie de seus caminhos para valer-se do natural. Ver-se-á que não se trata aqui, de modo algum, de descrever processos mentais, porém de explicitar e estudar, nas suas diversas aplicações, uma estrutura objetiva e intemporal, que valha como norma para os procedimentos de um pensamento disciplinado, porém que não mais se parece com esses procedimentos assim como o projeto do arquiteto não se assemelha às idas e vindas do pedreiro.

Há sempre o risco de querer, como se diz, sentar-se entre duas cadeiras. Por um lado, os especialistas da lógica, se chegam a tomar conhecimento deste trabalho, não deixam, não duvidemos

1 Paris: J. Vrin, 1967.

realmente disso, de encará-lo com condescendência; é de se temer, de outra parte, que a desafeição tão geral dos filósofos contemporâneos, ao menos na França, pelos estudos de lógica, impõem, às vezes, àqueles dentre eles que quiserem fazer o favor de nos ler, um esforço um tanto penoso. Pensamos notadamente nos capítulos 3 e 4, em que é analisada, sobre o exemplo dos conceitos quantificadores da lógica clássica, a estrutura formal cuja sequência mostrará, nos diversos domínios, suas múltiplas aplicações. Cumpre-nos, pois, pedir-lhes de modo muito particular para não afrouxar sua atenção no deciframento um pouco ingrato desses dois capítulos. Para quem tiver assim dominado essa estrutura, aliás muito simples, o restante do livro não deveria mais apresentar dificuldades, a não ser, talvez, no fim do capítulo 9, que o leitor apressado pode se dar a licença de pular.

Nós havíamos começado o presente ensaio por dois artigos que apareceram, um em *Theoria*[2], e o outro na *Revue Philosophique*[3]. Agradecemos aos diretores dessas duas revistas, respectivamente os srs. K. Marc-Wogau e P.-M. Schuhl, por nos terem autorizado a retomar aqui, ocasionalmente, alguns fragmentos desses artigos. Nossa gratidão vai igualmente para o sr. decano G. Davy, e ao diretor da Libraire Philosophique J. Vrin, que tiveram a gentileza de acolher nesta coleção dois livros cujos estreitos parentescos convidavam a não dissociá-los a não ser por uma ligeira diferença cronológica.

Setembro, 1965

2 Sur l'opposition des concepts, n. 3, 1953.
3 Opposition et négation, n. 2, 1957.

1. O Problema de uma Estrutura Essencial

§1. Um conceito nunca está só. Sem falar da rede infinitamente complexa que o liga, pouco a pouco, ao conjunto dos outros conceitos e que converte esse conjunto, assim como o das palavras que o exprimem, em um sistema global em que nenhum elemento recebe sua determinação exata a não ser a sua relação com a totalidade, cada conceito se encontra vinculado, por laços mais ou menos cerrados, a um grupo restrito de outros conceitos que formam com ele uma família. Como as famílias humanas, essas famílias de conceitos ordenam-se conforme certas estruturas de parentesco, que um esquema intuitivo, de natureza geométrica ou topológica, vem na maioria das vezes sustentar: escalas, espectros, figuras bipolares, colchetes, árvores, estrelas, rosáceas, tabelas com dupla ou tripla entrada etc.

Tais estruturas são bastante gerais, comuns a múltiplas famílias e transponíveis de uma para outra. A estrutura estrelada, por exemplo, serve para a rosa dos ventos, para o círculo cromático, para o sistema de belas-artes. Elas guardam, entretanto, para o nosso pensamento, qualquer coisa de contingente. Elas lhe vêm de fora, sugeridas por certos aspectos acidentais de nossa experiência. Modifique ficticiamente esta última e alguma dentre elas não terá mais ocasião de se formar. No próprio interior de nossa experiência atual, nenhuma é talvez absolutamente insubstituível: proibi-la certamente atrapalharia, mas não bloquearia de modo irremediável, o jogo de nossas funções intelectuais. De fato, deve existir pessoas que nunca pensaram por meio da rosácea ou da tabela de dupla entrada. Seria muito mais difícil dispensar a série linear ou o encaixamento de classes. Ousar-se-ia, entretanto, afirmar que certos traços do mundo físico e do mundo biológico, tais como se apresentam à nossa experiência, não contribuem em nada para o nascimento de tais estruturas, e sustentar que estas últimas, antes de nos aparecerem em estruturas de coisas, encontram-se originalmente em nós, enquanto estruturas necessárias do pensamento?

Mas a prudência que inspiram, diante de toda a tentativa de detecção de um *a priori*, os sucessivos desmentidos da história das ciências, não deve impedir-nos de perguntar se, atrás dessas estruturas mais ou menos acidentais, não é possível reconhecer um modo de estruturação mais essencial, diretamente comandado por operações inteiramente elementares sem as quais o pensamento, mesmo o mais simples, não poderia em absoluto funcionar. A conjunção e a negação, essas operações que, ao nível da linguagem, se exprimem pelas duas palavrinhas *e* e *não*, incluem-se, seguramente, nesse caso. De uma parte, encontramos suas raízes bem abaixo do nível intelectual, como funções da consciência em geral: a consciência, poder de adição e composição, poder de aceitação ou de recusa. De outra parte, a condição primeira de todo pensamento determinado é o reconhecimento, ao menos implícito, do princípio de contradição: ora, este último, que significa não se poder admitir ao mesmo tempo uma proposição e sua negação, $\sim(p. \sim p)$, envolve assim os dois conceitos, o de negação e o de conjunção. Sem dúvida, não é impossível, de um ponto de vista formal, construir esses dois operadores a partir de outros colocados como primitivos, mas tais sistemas possuem algo de artificial. Derivar a negação da incompatibilidade, ou a conjunção da implicação, nada tem de logicamente ilegítimo, e pode apresentar certas vantagens para a sistematização; mas seguir essa ordem é destacar o cálculo do exercício natural do pensamento, romper a harmonia entre o discurso e a razão, e cometer aquilo que uma lógica reflexiva só pode encarar com um ὕστερον πρότερον.

A conjunção está, com certeza, no princípio de todo agrupamento de termos, mesmo se a relação que os une for, por exemplo, a da disjunção ou mesmo a da incompatibilidade. Em tais casos, ela não figura como elemento no sistema, que ela domina para unificá-lo: o *e* pertence então, diremos nós, à metalíngua, não à língua. Mas além dessa função geral e indiferenciada, a conjunção intervém, mais precisamente, no interior do grupo quando se trata de formar termos complexos ou mesmo somente quando se trata de igualar um dos termos do grupo a uma determinada composição de dois outros[1].

Quanto à negação, ela comanda as oposições, que desempenham um papel capital na construção das famílias de conceitos. Para se convencer disso, é suficiente ver como estas nos são apresentadas por autores animados por um simples cuidado de descrição, despido de todo *parti pris* lógico ou filosófico. Eis como começa um artigo de P. Coirault:

> Antítese (ou oposição), o que forma dois, meio e extremos, o que forma três, tais são os princípios e os ritmos ou, caso se queira, os fermentos das imagens construtoras de nosso pensamento verbal [...] O procedimento parece anterior (ou superior) à linguagem: ele se exprime nela e a institui. Haveria aí também uma "forma *a priori*" de nossa mentalidade? Uma maneira de ser congenial ao espírito?[2]

De seu lado, Otto Jespersen, no capítulo de sua *Philosophy of Grammar*[3] (Filosofia da Gramática), cujo título é "A Negação", começa por lembrar a distinção que os lógicos estabelecem entre os termos contraditórios, que formam alternativa e se reúnem, pois, por pares, e os termos contrários, que admitem um termo médio e se prestam assim a agrupamentos ternários, dos quais ele dá certo número de

1 Ver infra, notadamente, o diagrama p. 103.

2 Sur les dyades et les triades dans la pensée et dans l'expression, *Journal de psychologie normale et pathologique*, 1935, p. 83 e s.

3 *The Philosophy of Grammar*, London: G. Allen and Unwin, 1924, cap. 24.

exemplos em um parágrafo sobre *algumas tripartições*. Vemos assim aparecer três sistemas elementares estreitamente aparentados: pares de contrários (*branco, preto*; *doce, amargo*; *forte, fraco*; *tímido, ousado* etc.), pares de contraditórios (*branco, não-branco*; *possível, impossível* etc.), enfim, tríades que comportam um meio entre dois extremos (*demonstrado, indeciso, refutado*; *anterior, simultâneo, posterior*; *amável, indiferente, odiável* etc.).

A conjunção não intervém, ao menos de modo manifesto[4], na formulação desses sistemas, ao passo que os dois autores os fazem expressamente basear-se na oposição por negação – Jespersen sugerindo, ademais, que a negação tem como exigência ser nuançada, porque comporta, de alguma maneira, graus, porquanto a relação de negatividade entre dois contrários não se confunde com aquela que opõe dois contraditórios. Nós negligenciaremos, portanto, provisoriamente a conjunção – mesmo que tenhamos de reencontrá-la mais tarde –, e partiremos dessas oposições, entre contrários e entre contraditórios, à base de negatividade.

§2. A importância dessas estruturas oposicionais não deve ser subestimada. Em particular, a organização dos conceitos por pares contrastados parece constituir perfeitamente uma forma original e permanente de pensamento. Enquanto o ser pensante permanecer enraizado em um ser vivente e senciente, a bipolaridade afetiva não poderá deixar de repercutir em seu funcionamento, e de lhe ditar dicotomias por meio de oposições de contrários, quer estes correspondam aos dois polos da afetividade (bom-mau, amigo-inimigo, são-doente), quer remetam às duas ofensas extremas de cada lado de um *optimum* (ardente-gelado, perturbações em *hiper* ou em *hipo*). Henri Wallon mostrou como a conceitualização na criança se fazia através do pareamento de contrários, sendo o pareamento anterior aos elementos que o compõem[5]. Na idade

4 Ver-se-á mais adiante a razão dessa reserva.

5 *Les Origines de la pensée de l'enfant*, 1: *Les Moyens intellectuels*, Paris: PUF, 1945, p. 41 e 67: "O que é possível constatar na origem é a existência de elementos acoplados. O elemento de pensamento é essa estrutura binária, e não os elementos que a constituem [...] Em regra geral, toda expressão, toda noção está intimamente unida ao seu contrário, de tal sorte que ela não pode ser pensada sem ele [...] É por seu contrário que uma ideia se define primeiro e mais facilmente. A ligação vem a ser como que automática entre sim-não, branco-negro, pai-mãe".

adulta, essa conceitualização gemelar ocupa um lugar privilegiado em todas as formas de "pensamento selvagem". As análises recentes das estruturas intelectuais nas sociedades primitivas nos apresentam seus sistemas conceituais como se definindo "em função de uma axiomática implícita para que toda classificação proceda por par de contrastes"[6], prática em relação à qual não é irreverência descobrir o prolongamento na *diérese* platônica. Amiúde divisões binárias dotadas de valores opostos desempenham um papel capital nas concepções do mundo que florescem nas civilizações intermediárias: o *yin* e o *yang* dos chineses, Ormuz e Ahriman entre os masdeistas, o dualismo dos maniqueus. No alvorecer do pensamento clássico, a oposição dos contrários, sob formas mais desprendidas do mito, permanece o instrumento por excelência para a explicação das coisas, sejam elas entre os fisiólogos pré-socráticos ou na física de Aristóteles. Hoje em dia ainda reencontramo-la no pensamento mais corriqueiro, plasmada e veiculada por um vocabulário em que as palavras se agrupam facilmente por antônimos. E nossos poetas, com o cuidado de preservar, impelindo-o até seus refinamentos extremos, o modo de pensamento edênico, acariciam sempre a antítese, explícita ou encoberta, acolhida ingenuamente ou transcendida em um audacioso *oxymoron*[7].

O argumento, é verdade, poderia ser invertido. Ligar assim as estruturas oposicionais ao pensamento selvagem, não é justamente sugerir que elas percam terreno na medida mesma em que o pensamento culto progride, entendamos, educado pelas disciplinas científicas? Quando a gente se compraz em opor qualidades, não se estará assinalando com isso que se permanece preso a uma mentalidade ainda quase infantil? A ciência moderna nasceu, com efeito, da decisão de tratar a qualidade como uma "dimensão", e de reduzir a infinita diversidade

6 C. Lévi-Strauss, *La Pensée sauvage*, Paris: Plon, 1962, p. 287.

7 J. P. Richard abre assim seus *Onze études sur la poésie moderne*, Paris: Seuil, 1964, p. 7: " Na parte avançada de suas pesquisas surgem parelhas de antinomias concretas, próxima e longínqua, instantânea e durável, aberta e fechada, expansiva e recolhida, superficial e profunda, discreta e contínua, opaca e transparente, obscura e luminosa". De uma maneira geral, a oposição dos contrários por contraste ocupa um amplo lugar nos "acoplamentos" que seriam essenciais, segundo certas análises estruturais, na linguagem poética. Ver S. R. Levin, *Linguistic Structure in Poetry*, Haia: Mouton, 1962; e o artigo de Luce Baudoux, Un modèle d'analyse structurale de la poésie: A propos d'un ouvrage de Levin, *Logique et analyse*, oct., 1964, p. 168-178.

de suas nuances a simples diferenças de quantidade. A partir daí, a essas estruturas relativamente complexas – pelas quais nosso espírito tenta organizar em sistema os principais aspectos de que uma qualidade se reveste para nossa consciência, quente, frio, morno, fresco, temperado etc., tratando cada um desses aspectos como um termo irredutível que se trata de opor, de maneira original, a cada um dos outros – substitui-se uma estrutura mais simples em si própria, a da escala graduada, que permitirá agora relacionar qualidades sentidas como heterogêneas, estudando como uma dessas qualidades, reduzida ao estado de grandeza, varia em função desta ou daquela outra similarmente reduzida. A estrutura oposicional parece assim expulsa do pensamento científico; e um giro de espírito científico se propaga progressivamente, ao mesmo tempo pela educação teórica e pelo emprego do aparato técnico, até no pensamento comum do homem civilizado.

Nós não ignoramos de modo algum o papel crescente que as escalas graduadas desempenham na ferramenta intelectual de uma civilização que se esforça em entender cada vez mais amplamente o reino da medida. Concedemos, todavia, apenas um papel diminuto à análise de sua estrutura. Com efeito, essa estrutura linear é muito mais simples que a estrutura estrelada da oposição e esta não é uma de suas menores vantagens práticas. Bastará tratar disso por ocasião dos conceitos-atributos, comparando duas maneiras que a inteligência encontrou para orientar-se no domínio das qualidades[8]. Desejaríamos somente observar aqui que o emprego das escalas métricas veio juntar-se sem abolir ao uso dos esquemas oposicionais, e que, mesmo ao nível científico, o pensamento por oposição, longe de prolongar um costume intelectual pueril ou desusado, conserva, ao lado do pensamento por dimensões, seu lugar e sua função próprios.

Lembremos primeiramente a importância que as ciências do homem concedem hoje

8 Infra, capítulo 8. Para a análise lógica, o principal interesse da estrutura gradual reside no fato de que ela se presta, em certos casos, para introduzir um emprego original da negação: sobre essa negação diametral, distinta da negação total, nós nos permitiremos remeter o leitor ao § 3 do nosso artigo Opposition et négation, *Revue philosophique*, avr. 1957, p. 208 e s.

em dia à determinação das estruturas, e o papel que estas desempenham no seio delas, na elaboração dessas estruturas, as oposições binárias, por contrastes de qualidade[9]. O fonólogo opõe o compacto ao difuso, o grave ao agudo, o tenso ao relaxado, o estridente ao melodioso[10]; o caracterólogo usa divisões entre introvertidos e extrovertidos, esquizoides e cicloides, integrados e desintegrados, primários e secundários. Balbucios de ciências ainda na infância? Mas verifica-se que essa orientação de pesquisa e esse modo antitético de pensamento visam precisamente se unir aos desenvolvimentos recentes das teorias científicas mais abstratas. A matemática contemporânea, como se sabe, deixou de estar sujeita à consideração da quantidade. Ninguém mais ousaria subscrever a definição que ainda Auguste Comte dava para a geometria, quando a considerava a ciência da medida indireta das grandezas. Com efeito, essa geometria métrica pressupõe, como outras tantas fases inferiores, ciências mais fundamentais, geometria projetiva para começar e, finalmente, topologia. Dos dois objetos, ordem e medida, que Descartes consignava às matemáticas, a primeira passa agora à frente. É sobre uma classificação dos grandes tipos de estruturas que Bourbaki erige a ordenação interna das matemáticas. Certamente, diante da complexidade das estruturas matemáticas, a modesta estrutura oposicional faz pobre figura. Uma dessas estruturas, entretanto, vem de algum modo ao seu encontro. As álgebras booleanas prestam-se particularmente às combinações das oposições binárias. E as máquinas cibernéticas oferecem o instrumento adequado para tratar os materiais acumulados por análises, enquetes ou questio-

9 G. G. Granger, *Pensée formelle et sciences de l'homme*, Paris: Aubier, 1960, p. 109, 142: "A qualidade é a διαφορά τῆς οὐσίας aristotélica do livro Δ, mas a diferença só tem sentido em um sistema de oposições e correlações que nos faz passar do *estar aí* imediato e aparentemente isolado, a uma *estrutura*... O qualitativo é conceitualizado pela redução das diferenças *isoladas* a diferenças *integradas* em um sistema coerente de oposições".

10 Pode-se ver em R. Jakobson e M. Halle, *Fundamentals of Language*, Haia: Mouton, 1956, p. 29-32, como a fonologia estrutural reduz a doze oposições binárias segundo o princípio de polaridade, o conjunto dos "traços distintivos intrínsecos" das línguas faladas. Esse capítulo foi traduzido em R. Jakobson, *Essais de linguistique générale*, Paris: Minuit, 1963, p. 127-131. Notemos, no mesmo sentido, que os jovens músicos fazem intervir, hoje em dia, em suas análises, além dos parâmetros clássicos dos quais os principais são de ordem quantitativa (altura, duração, intensidade), novos "parâmetros de composição" que repousam sobre oposições binárias (estático-dinâmico, regular-irregular, negativo-positivo etc.).

nários fundados, dicotomicamente, sobre a presença ou ausência de um caráter definido. Outras calculadoras, é verdade, respondem a questões menos elementares do que aquelas que exigem somente um sim ou um não e resolvem problemas de ordem quantitativa. Precisamente, essa coexistência mesma das calculadoras "digitais" e das calculadoras "analógicas" trai, no plano material da técnica, a coexistência na pesquisa científica de dois tipos de problemas, que refletem dois tipos de estruturas: as estruturas graduais que exprimem o mais e o menos e as estruturas oposicionais que jogam com a afirmação e a negação.

Assim, as estruturas oposicionais, mesmo que um tanto rechaçadas pelo desenvolvimento do pensamento científico, permanecem eficazes, não só no pensamento cotidiano e na linguagem que lhe é adaptada, mas também na vanguarda da ciência. Acrescentemos ainda, para anunciar mais diretamente o que vai seguir, que se essas estruturas encontram no tratamento das qualidades um terreno de eleição, elas não se acantonam aí de maneira alguma. Estudando a forma como diversas famílias de conceitos se organizam segundo essas estruturas, perceber-se-á que a isso não se prestam somente qualidades ou atributos, e sequer, de um modo mais geral, predicados, mas conceitos no sentido mais amplo em que nós entendemos aqui essa palavra, englobando especialmente operadores lógicos como os quantificadores, os operadores modais, os conectores interproposicionais. Mesmo na matemática quantitativa, ver-se-á, a família das cópulas, que marcam as diversas relações elementares de que são suscetíveis duas grandezas, ordena-se de uma maneira perfeitamente nítida, que se pode mesmo considerar como exemplar conforme uma estrutura oposicional de seis termos.

Tais são as razões que nos parecem justificar, no estudo das estruturas intelectuais, o interesse que dedicamos à análise dessa estrutura oposicional.

2. Generalização da Teoria Clássica das Proposições Opostas

§3. Embora nosso problema diga respeito à organização dos conceitos, é sobre a teoria clássica da oposição das proposições, mais do que sobre a teoria da oposição dos conceitos, que devemos nos apoiar. Sabe-se que Aristóteles, no *Tratado das Categorias*, conta quatro maneiras pelas quais os conceitos podem opor-se: segundo a relação; como contrários; como o hábito e a privação; como a afirmação e a negação. Semelhante teoria, ao menos quando a gente a considera em si mesma destacando-a do conjunto da filosofia de Aristóteles, tem um caráter rapsódico[1]: enumeração empírica com termos bastante heterogêneos, sem garantia de exaustividade, mais do que estrutura fechada, bem articulada, comandada por usos diversos, explicitamente destacados, da negação, enquanto a teoria das proposições oposicionais, completada por seus sucessores, apresenta a vantagem de desembocar, com o "quadrado lógico" de Apuleio, em uma estrutura nítida na qual podemos alimentar a esperança de encontrar ao menos um esboço daquela que procuramos.

Aos leitores que não mais a tiverem bem presente no espírito, lembremos a teoria clássica das proposições opostas, que serve de base às análises que vão se seguir. Chamam-se opostas duas proposições homônimas, isto é, tendo o mesmo sujeito e o mesmo

1 Não obstante uma passagem da *Metafísica* I, 4, 1055 a 38, b 3 e 14. Cf. O. Hamelin, *Le Système d'Aristote*, Paris: Alcan, 1920, p. 141.

predicado, mas que diferem seja pela qualidade (afirmativas ou negativas), seja pela quantidade (universais ou particulares), seja pelas duas ao mesmo tempo. As duas universais A e E se opõem como *contrárias*, que não podem ser todas as duas verdadeiras, mas podem ser ambas falsas, daí a regra de inferência: se uma qualquer é verdadeira, pode-se concluir pela falsidade da outra. As duas particulares I e O se opõem como *subcontrárias*, que não podem ser todas as duas falsas, mas podem ser ambas verdadeiras, donde a regra: se uma qualquer é falsa, pode-se concluir pela verdade da outra. Cada uma das duas particulares se opõe à universal de mesma qualidade como sua *subalterna*; a verdade da universal subalternante acarreta a da sua subalternada, a falsidade da particular subalternada pressupõe a de sua subalternante. Donde a permissão de concluir da verdade da subalternante à de sua subalternada, e da falsidade da subalternada à de sua subalternante. Enfim, as proposições que diferem ao mesmo tempo pela qualidade e pela quantidade se opõem como *contraditórias* que formam alternativa: uma é verdadeira, a outra é falsa, de modo que se pode concluir da verdade de uma qualquer a falsidade da outra, e da falsidade de uma qualquer a verdade da outra.

Desde que a ideia disso apareceu pela primeira vez ao nosso conhecimento, no "Livro 3", atribuído a Apuleio, do *De dogmate Platonis philosophi*[2], tornou-se usual dispor essas quatro espécies de proposições sob a forma de um quadrado da seguinte maneira:

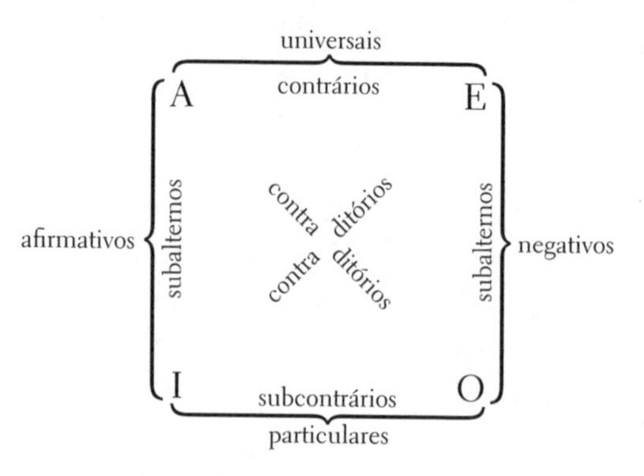

2 L. *Apuleii opera omnia*, edição de G.F. Hildebrand, Leipzig: Sumtibus C. Cnoblochii, 1842, v. 2, p. 265 e s.

Infelizmente, a teoria aristotélica e clássica aplica-se a proposições e não a conceitos; além disso, limita-se ao exclusivo caso das proposições atributivas, e das proposições atributivas que têm os mesmos termos; enfim, ela combina, com o emprego da negação, considerações de quantidade. Para adaptar essa teoria ao nosso propósito, a primeira coisa a fazer será generalizá-la, quer dizer separar a estrutura oposicional do emprego particular que se fez com ela para as proposições atributivas quantificadas e aprender a ler o esquema abstrato sob aquilo que é somente uma de suas realizações concretas. Será preciso, pois, destacá-la, em primeiro lugar, de seu comércio com a quantificação; em segundo lugar, de sua aplicação às exclusivas proposições atributivas homônimas; e em terceiro lugar, de sua sujeição ao caso das proposições.

O primeiro ponto não levanta nenhuma dificuldade: trata-se somente de restabelecer a teoria em suas bases normais. É, com efeito, deixar-se iludir por uma falsa simetria – pela qual Aristóteles não tem responsabilidade – fazer da quantidade um dos dois pilares da teoria das proposições opostas. Situar assim, sob o mesmo plano, a "quantidade" e a "qualidade", a oposição dos particulares aos universais e a das negativas às afirmativas, para levá-las a entrecruzar-se em uma espécie de quadrilha, isso pode realmente satisfazer o gosto escolástico das ordenações regulares, mas é uma perda de tempo para a razão a qual exige que se respeite a hierarquia natural das noções. A diferenciação segundo a qualidade é manifestamente mais primitiva e, portanto, mais geral em virtude de sua ligação com a alternativa do verdadeiro e do falso, pelo que Aristóteles já definia a proposição. Por isso, ela pode jogar com toda a espécie de proposição, e igualmente, por exemplo, tanto com as singulares quanto com as gerais, ainda que, nas primeiras, a aplicação da quantidade não signifique nada. De fato, a lógica contemporânea marca essa ordem, porquanto ela espera, para fazer intervir a quantificação – que ela entende, aliás, de maneira diferente que a lógica clássica – chegar ao cálculo das funções, que estuda a estrutura interna das proposições; o cálculo das proposições não analisadas, base de toda lógica, não reconhece ainda outra diferenciação que não seja a afirmação e a negação, em ligação com a bivalência do verdadeiro e do falso. É claro, aliás, que é sobre a negação que se deve apoiar uma teoria da oposição, pois uma relação de oposição, no sentido próprio, só pode ser uma relação de negatividade. A quantidade, ao contrário, não é, em si própria, princípio de oposição; ela é somente, para a oposição, um de seus objetos possíveis: pode haver aí oposição, *por* meio da negação, *a respeito* da quantidade, prestando-se os conceitos quantificadores[3], como outros, ao jogo das negações: *omnis, omnis non, non omnis, non omnis non* etc.

É precisamente essa possibilidade de um duplo uso da negação, posposta ou preposta, que permite estabelecer a seu respeito a diferenciação das quatro proposições do quadrado lógico. Dada uma proposição, ou mais exatamente uma *lexis*, que enuncia uma atribuição, pode-se negar universalmente a atribuição ou então negar a universalidade da atribuição. No primeiro caso, a negação tem um alcance universal; coloca-se a universalidade da negação que versa sobre o enunciado seguinte: *universalmente não-p*. É a forma forte, ou exclusiva, da negação, que dá, partindo de uma afirmativa universal (A), a proposição contrária (E). No segundo caso, coloca-se que a afirmação não tem alcance universal ou, em outros termos, recusa-se colocar a universalidade do enunciado: *não-universalmente p*. A negação assume dessa vez uma forma mais fraca, ela é simplesmente suspensiva: não é dada permissão para afirmar universalmente e, por conseguinte, é autorizado negar em certos casos: é isto que enuncia a "particular negativa" (O), contraditória de A. Obtém-se assim, a partir da afirmativa universal, e conforme se substitua a afirmação pela negação ou se negue apenas que a afirmação valha univer-

3 A noção moderna de quantificador, assim como o próprio termo, começam exclusivamente com Peirce. Não nos parece, entretanto, ilegítimo estender o emprego desse termo, como faremos aqui, a palavras como *todos, nenhum, algum* que determinam, na lógica clássica, o que se chama tradicionalmente a *quantidade* das proposições. Para exprimir a negação na escritura simbólica, empregaremos, segundo a comodidade da escritura, ora um, ora outro dos dois símbolos usuais, por exemplo para a negação de p: $\sim p$ ou $\bar{p}$.

salmente, a diferenciação entre sua contrária e sua contraditória. E como sua contrária tem igualmente, como toda proposição, sua contraditória, uma vez que, também em relação a ela, pode-se negar sua validade universal, *não-universalmente não-p*, reencontramos a quarta proposição (I) do sistema. O emprego da negação não dá, pois, somente as proposições ordinariamente designadas como negativas, E e O, mas também aquelas que são designadas como particulares, das quais cada uma é obtida por negação da universal contraditória – a negação da universal negativa não reconduz à afirmativa universal inicial, em razão da força desigual das duas negações, que não se neutralizam, mas resultam em uma forma mais fraca de afirmação.

Não é, portanto, necessário, nem desejável, para engendrar as quatro proposições clássicas, introduzir desde o ponto de partida, ao nível do esquema formal, a diferenciação segundo a quantidade, concomitantemente com a diferenciação segundo a qualidade. É embaralhar os níveis, em relação a esse esquema formal, ao qual a diversificação no uso da única negação é suficiente para estruturar, a quantidade já pertence ao conteúdo. Nós recorremos aí às fórmulas abaixo, para permanecer tão perto quanto possível da teoria clássica. Mas substitua-se, nessas fórmulas, a palavra *universalmente* por uma letra simbólica que poderá, pois, representar um conceito estranho à família dos quantificadores, por exemplo, um conceito modal como *necessariamente*: substituindo, assim, uma variável por uma constante, teremos generalizado, e destacado do "quadrado lógico", o esquema abstrato do qual a teoria das proposições quantificadas era apenas uma das interpretações possíveis:

$$K \qquad K{\sim}$$

$$\sim K{\sim} \qquad \sim K$$

Se agora, nesse esquema originário, e para lhe proporcionar uma ilustração concreta, reintroduzimos um conceito da família dos quantificadores – aliás não importa qual, se admitirmos as permutações de postos – regeneraremos o "quadrado lógico" tradicional.

Nada há de verdadeiramente insólito em tudo isso, que nada mais faz senão explorar possibilidades bem conhecidas das lógicas clássicas. Os medievais haviam levantado listas de equipolências entre as diversas expressões que se pode dar de uma mesma proposição corrigindo o efeito da mudança de quantificador por um emprego pertinente da negação. Eles tampouco ignoravam que as quatro modalidades aristotélicas são obtidas, a partir de uma dentre elas, por meio do quadrado lógico, que eles sabiam, pois, destacar de sua aplicação à quantificação. No que reside então a novidade? Primeiro, em uma inversão da ordem: coloca-se aqui como originário essencial uma construção habitualmente tida como derivada e assessória. Em seguida, na importância atribuída ao esquema abstrato do quadrado lógico, cujas aplicações concretas, ver-se-á, ultrapassam em larga medida aquelas que lhe eram originalmente reconhecidas.

§4. Sobre o segundo ponto, é a lógica contemporânea que, com o cálculo das proposições, sugere um meio de levantar a restrição que a lógica clássica fazia pesar sobre as relações de oposição, quando só reconhecia como opostas proposições atributivas homônimas, isto é, tendo o mesmo sujeito e o mesmo predicado. Pois a lei que rege cada uma de suas quatro relações de oposição pode igualmente valer entre duas proposições quaisquer, caracterizadas unicamente por sua propriedade de ser verdadeiras ou falsas. E como o cálculo das proposições considera todas as combinações possíveis de verdade (V) e de falsidade (F) entre duas proposições, deve-se necessariamente reencontrar, entre seus dezesseis conectores interproposicionais binários, os quatro que correspondem às quatro relações de oposição. Seja, por exemplo, a lei que rege duas contraditórias, a de não poderem ser todas as duas verdadeiras, nem todas as duas falsas. Ela resulta em rejeitar, para duas proposições p e *q*, as combinações VV e FF e, por consequência, em admitir somente as combinações VF e FV. É claro que tal lei não se refere ao conteúdo das proposições e pode, por conseguinte, encontrar sua aplicação em proposições heterônimas. Ela tem valor para duas proposições quaisquer sob a única condição que elas formem *alternativa*, $p \mathrm{W} q$: da verdade ou da falsidade de uma pode-se, então, sempre concluir pela falsidade ou pela verdade da outra. Poder-se-á dizer, do mesmo modo, de duas proposições, atributivas ou não, formadas ou não dos mesmos termos, e sem nenhuma consideração de quantidade, que elas são contrárias quando obedecem à lei dos contrários, isto é, quando, não permitindo a verdade comum, elas são *incompatíveis*, $p \mid q$; que elas são subcontrárias quando excluem apenas a falsidade comum, isto é, quando são simplesmente *disjuntas*, $p \vee q$; enfim, que uma é a subalterna da outra quando permite inferi-la, sem reciprocidade, portanto, quando ela a implica $p \supset q$[4]. É o que enuncia o quadro de correspondência abaixo:

Contraditórias	*Contrárias*	*Subcontrárias*	*Subalternas*
—	—	*VV*	*VV*
VF	*VF*	*VF*	—
FV	*FV*	*FV*	*FV*
—	*FF*	—	*FF*
Alternativa	*Incompatibilidade*	*Disjunção*	*Implicação*

Exprimindo assim as quatro relações de oposição pelas quatro relações interproposicionais[5] que lhes correspondem no quadro das funções de verdade, fazemos abstração da estrutura interna das proposições às quais elas se relacionam, para considerar apenas a propriedade que caracteriza toda proposição em geral, a de ser verdadeira ou falsa.

Libertamos dessa maneira a teoria da oposição de sua sujei-

4 Cf. Jacques Picard, Les Normes formalles du raisonnemt déductif, *Revue de Métaphysique et de Morale*, 1938, p. 236-239.

5 É preciso, então, entendê-las no sentido "estrito" como se faz quando elas desempenham o papel de cópula principal em uma tautologia. Assim A ⊃ I significa aqui, não somente que ele não é *verdadeiro* de fato, mas realmente que *não é possível* haver ao mesmo tempo A verdadeiro e I falso.

ção às proposições homônimas e mesmo, de um modo mais geral, às exclusivas proposições atributivas. E enriquecemos, além disso, a estrutura formal assim obtida, dotando-a de novas virtualidades. Com efeito, nós não somos mais doravante obrigados a prover por pares os opostos da mesma espécie. À exceção das contraditórias, que não suportam a introdução de uma terceira proposição, salvo se ela for equipolente a uma das duas outras, e não uma verdadeira alternante, de agora em diante nada nos impede de admitir que uma proposição tenha várias contrárias ou várias subcontrárias, que uma subalternante possui várias subalternadas e uma subalterna, várias subalternantes, visto que é permitido escrever $p|q|r\ldots$, ou $p \vee q \vee r\ldots$, ou $p \supset q.r\ldots$, ou $p.q\ldots \supset r$.

Para generalizar assim a teoria das proposições opostas, não foi suficiente estabelecer uma correspondência entre as relações de oposição e certas relações interproposicionais. Houve necessidade de inverter a ordem que a teoria clássica seguia. Esta começava por fornecer uma definição nominal extremamente estreita de proposições opostas, visto que vale apenas para proposições com o mesmo sujeito e mesmo atributo; e de resto a teoria clássica reconhecia, no tipo de proposição assim adotada como modelo, as diversas relações de oposição, e enunciava suas leis, com as regras de inferência que elas exigem. Ora, as regras de inferência às quais ela conduzia voltavam a dar, das relações de oposição, uma espécie de definição pelo uso que cobre um campo muito mais extenso do que aquele delimitado pela definição nominal da qual se havia partido. De sorte que nada impede que se faça agora abstração da estrutura interna das proposições opostas e – uma vez reconhecidas as regras de inferência no caso talvez privilegiado que determinava a definição inicial – de proceder em sentido inverso, isto é, de se apoiar nas regras de inferência e nas relações fundamentais que as comandam, a fim de definir para elas as diversas espécies de oposição.

Em outros termos, em vez de inferir as leis da oposição a partir da definição das opostas, define-se agora as opostas pelas leis da oposição: serão ditas contrárias, por exemplo, duas proposições que seguem a lei dos contrários, quer dizer, que são incompatíveis. Assim não se comete um sofisma de falsa conversão, pois que a segunda proposição (*as incompatíveis são contrárias*) não é inferida da primeira (*as contrárias são incompatíveis*), mas colocada como uma definição, que amplia evidentemente o sentido que o termo *contrário* possuía na primeira proposição. Essa extensão do sentido não é, de modo algum, arbitrária: o arbitrário seria antes pretender limitar a oposição às exclusivas proposições atributivas que tenham os mesmos termos. Todo mundo admitirá realmente que há uma relação de contrariedade entre as duas proposições, *faz frio* e *faz calor*, uma relação de contradição entre o postulado de Euclides e a afirmação de que a soma dos ângulos (internos) de um triângulo difere de dois ângulos retos.

§5. Vemos agora como essa generalização esquematizante transforma a teoria da oposição de *proposições* em um instrumento de estudo aplicável à oposição de *conceitos*. Certamente não seria muito conveniente, para estudar a oposição de conceitos, considerar oposições entre proposições totalmente heterogêneas, sem nenhum elemento comum. Poderemos determinar as relações mútuas de uma família de conceitos na medida em que eles figurarem, sobretudo, nas proposições em que todas as coisas permaneçam iguais. Ao menos não será mais necessário que o elemento variável da proposição seja, com a negação, o quantificador. Poderemos doravante encarar a diferenciação de proposições que se opõem, seja por outros operadores iniciais, como os operadores modais e aqueles que lhes são aparentados, seja pelos atributos, seja fora mesmo das proposições propriamente atributivas, seja pela diferenciação por meio dos verbos ou das cópulas de relação. Diante de um grupo de conceitos de uma mesma família, que se exprimem por advérbios, adjetivos, verbos etc, precisaremos suas relações de oposição fazendo-os variar, e variar sozinhos, em proposições que se comportam entre si como contraditórias, incompatíveis, disjuntas, ou quando uma implica a outra[6].

§6. Acabamos de nos elevar da teoria clássica das proposições opostas para uma teoria mais geral e mais abstrata, da qual a primeira aparece somente como uma das realizações particulares entre outras possíveis, um dos "modelos" concretos. Encontramo-nos agora em condições de manejar as diversas relações que compõem o quadrado lógico tradicional considerando-as, como pedia Descartes para um caso análogo: "em geral e sem supô-las a não ser nos temas que serviriam para [...] tornar o conhecimento mais fácil, mas também sem obrigá-la a isso de maneira alguma, a fim de poder, tanto melhor aplicá-las depois a todas as outras as quais elas conviriam". Todavia, não chegou ainda o momento de aplicá-las a outros "temas" exceto aos conceitos quantificadores. Pois o quadrado lógico, mesmo assim depurado, não nos fornece ainda um instrumento adequado. Para dispor de um esquema formal adaptado ao nosso propósito, cumpre-nos chegar, a partir do quadrado, a uma estrutura mais complexa, que não o abolisse, mas onde ele se reencontrasse como forma degenerada.

O que é que justifica semelhante exigência? Já se poderia sentir a sua necessidade, antes de todo desígnio de aplicação concreta, observando certa imperfeição formal na estrutura do quadrado das opostas. Exceto as contra-

6 Essa generalização nos convida a fazer uso de um simbolismo único, e a dar aos sinais que servem comumente para ligar dois símbolos de proposições um sentido neutro que lhes permita ligar, seja como for, símbolos de conceitos. Nós nos acreditamos autorizados a isso, em razão ao mesmo tempo do isomorfismo bastante acentuado do cálculo de classes com o cálculo de proposições, devido ao fato de que, na linguagem cotidiana, o *não*, o *e* e o *ou*, que são os nossos principais operadores proposicionais e aos quais os outros podem se reduzir, convêm em geral para os termos e para proposições e enfim, devido à prática de certos lógicos que, em casos mais ou menos análogos, não tiveram escrúpulos de conferir deliberadamente a seus símbolos um sentido equívoco, como quando Carnap, tirando as consequências da eliminação das classes por Russell, entende expressamente seus símbolos em um sentido mais geral que domina a linguagem das classes e a dos predicados, ou quando outros, que seguiremos nisso, empregam como sinônimos as expressões de *conjunção* e *produto lógico*, *disjunção* e *soma lógica*, *negação* e *negat(ivo)*. De nossa parte, não teremos mais escrúpulos de falar, por exemplo, do contraditório ou do subalterno de um conceito dado. É preciso lembrar-se que todo conceito *f* é um atributo virtual, e que se pode considerá-lo como uma *função*, isto é, como predicado de uma forma proposicional *f(x)*.

ditórias, as outras relações de oposição não se ordenam simetricamente: ao contrário dos dois lados laterais, os lados superior e inferior não são aí homogêneos; e os lados laterais, se forem semelhantes entre si, não serão isótropos. Isso sugere a ideia de uma estrutura que permanece lacunar, e convida a buscar uma figura acabada e mais complexa, em que os quatro postos tradicionais se reencontrariam, mas com outras funções que aquelas dos vértices de um quadrado, e com elementos de uma *Gestalt* mais equilibrada. Se agora, em vez de especular sobre a perfeição intrínseca do quadrado lógico, que nós nos propomos a utilizar, tomando-o como um esboço para dispor os membros de uma mesma família de conceitos, uma razão imperiosa nos proibirá de nos comprazer em uma estrutura quadrática. É que os agrupamentos segundo os quais se juntam os nossos conceitos podem ser, nós o vimos, de tipo ternário, assim como binário, e que é penoso ajustar uma tríade sobre um quadrado. Pode-se, naturalmente, tentar sair do apuro tratando a tríade como uma tétrade deficiente. Encontrar-se-á mais adiante diversas ilustrações desses sistemas mancos, em que se deixou desocupado um dos quatro postos – amiúde o O, às vezes o I. Mas a dissimetria que resulta de um tal tratamento falseia geralmente o aspecto normal da tríade, como isso seria visivelmente o caso com os poucos exemplos dados mais acima: a simultaneidade, por exemplo, ocupa, manifestamente com respeito à anterioridade e à posterioridade, uma posição exatamente mediana. Para não ser obrigada a recorrer a um procedimento tão artificial, seria desejável dispor de um esquema que se deixa estruturar, seja como for, segundo o modo ternário como segundo o modo binário. Dois postos adicionais bastariam para isso. Um "hexágono lógico" não ofereceria apenas a vantagem de pôr à nossa disposição um quadrado apto a conter famílias de opostas com até seis membros, tal como ele se encontra. Ele permitiria também análises mais penetrantes, oferecendo os recursos de uma estrutura ambígua que se deixa decompor à vontade como um trio de díades ou um par de tríades. E continuaria sempre possível, em caso de necessidade, ainda que isso fosse para uma primeira abordagem, utilizar a estrutura quadrática inicial, deixando em branco os dois postos sobressalentes.

Para completar o esquema das relações de oposição e estudar a nova estrutura assim obtida, teremos a vantagem, a fim de dividir a dificuldade, a de permanecer de início no terreno da teoria clássica, que nos é familiar; quer dizer, que nós nos obrigaremos por um tempo a nos ocupar apenas da família dos conceitos quantificadores. Somente depois que esse trabalho tiver sido levado a bom termo é que tentaremos fazer abstração dessa matéria particular e aplicar a outras famílias de conceitos a estrutura formal assim obtida e analisada. Em outros termos, generalizamos, até aqui, o emprego do quadrado lógico, mas conservando sua estrutura. Cumpre-nos agora, para começar, fazer o inverso: modificar a estrutura, mas no caso específico para o qual a estrutura inicial foi elaborada. Depois disso, será permitido combinar as duas, generalização e reestruturação.

3. Reestruturação da Teoria Clássica: A Tríade das Contrárias

§7. Quando se aborda o estudo dos conceitos quantificadores, chama também nossa atenção uma anomalia, que levanta desde o princípio a questão de saber se a lei segundo a qual se distribui essa família de opostos é de tipo binário ou de tipo ternário. A teoria lógica tradicional da quantificação segue a lei binária: ela distingue universalidade e particularidade, depois, cobrindo esta primeira dicotomia com uma segunda, admite para cada um de seus termos uma forma afirmativa e uma forma negativa, o que dá no todo quatro conceitos quantificadores. Mas a língua comum, da qual a lógica clássica continua a fazer uso, dispõe apenas de três vocábulos: *tudo*, *nenhum*, *algum*; falta-lhe, para o conceito particular, o desdobramento que o universal conhece. Como interpretar esse fato? Lacuna ou indiferenciação? Será que faz falta a forma negativa, ou a distinção entre afirmação e negação? Em outros termos: estamos às voltas com uma tétrade incompleta e irregular que estaria desprovida de seu posto O, ou com um sistema regular e completo em seu gênero, mas simplificado, de forma manifestamente triádica, em que o terceiro termo, portanto, não incide exatamente nem em I, nem em O, mas se pode dizer, em alguma parte entre os dois?

O lógico adotou, para seu uso, a primeira interpretação. Quando ele diz "algum", ele o entende expressamente como o contraditório de "nenhum". Ele lhe dá, decisoriamente, o sentido existencial e relativamente indeterminado de "um ao menos", sem nenhuma nuance restritiva. Longe de excluir o "todos", ele o contém ou, se preferimos este é implicado por ele: a inferência é legítima da universal para a particular, o que é verdade para *todos* é também para *algum* (*dictum de omni*).

Tratando-se aí de uma decisão para fixar convencionalmente o sentido de um termo em um vocabulário técnico, não há evidentemente nada a recuperar daí. Todas as ciências tomam assim emprestado à língua comum vocábulos aos quais conferem uma significação distinta. Mas uma tal decisão não pode mascarar o fato de que esse uso técnico não é conforme ao uso comum. Se é bem verdade que a língua corrente não possui palavras simples para *non omnis*, e que lhe falta assim um termo correspondente ao posto O, isto não implica que seu *aliquis* seja exata e unicamente um *nonnullus*, incidindo exatamente no posto I. Em todas as grandes línguas de nossa civilização ocidental, e tanto no emprego literário quanto no uso comum, a palavra a que corresponde o francês *quelque* (algum) e o latim *aliquis* tem comumente um sentido restritivo não menos do que existencial. Sem perder seu caráter afirmativo, ele é antes sentido, em geral, em sua oposição a "todos". Quando não há uma posição mais ou menos mediana, é regularmente para o lado da negação que ela pende. Peçam que se nomeie o que contradiz "algum" ou "alguma vez", é quase certeza que a resposta será "muito" e "amiúde". *Acrescentem "algumas vezes" e apaguem "amiúde"*. Se eu digo que *alguns soldados escaparam ao cerco*, ou que *a tempestade abateu algumas árvores*, ou que *restam alguns lugares disponíveis*, pretendo de fato significar com isso uma limitação, e mesmo uma limitação bastante severa tanto quanto uma afirmação: não é indispensável, para dar a entender essa restrição, acrescentar a precisão do "somente" ou do "não... senão" (*ne... que*). De um candidato eleito por unanimidade ou até por maioria simples, eu não hesitaria em qualificar de mentirosa uma informação que declarasse que ele recolheu alguns votos. Sem insistir nessa questão de dosagem, reconheçamos ao menos que o "algum" usual marca uma forma da particularidade que se poderia denominar, entre a particularidade *existencial* I e particularidade *restritiva* O, de uma particularidade *média*, no sentido de que ela participa ao mesmo tempo das duas outras que ela reúne ou, mais precisamente, que ela une. Ou ainda, se preferirmos relacioná-la a A e a E, ela seria razoavelmente denominada *neutra* (*ne-uter*), visto que ela rejeita tanto a totalidade como a nulidade. Trata-se, portanto, de um conceito parcialmente afirmativo e parcialmente negativo, que não é exclusivamente nem um nem outro, e que deveria ser situado em uma linha divisória entre a afirmação total e a negação total. Assim, na linguagem comum, e contrariamente ao uso dos lógicos, a tríade se ordena com simetria sem nada de vacilante. Ela possui, ao lado do quadrado lógico, sua originalidade própria, e como precisamos de um símbolo para designar o posto que a distingue, recorreremos à vogal Y. Doravante, Y significará, pois, para nós, a conjunção ou produto lógico de I e de O ou, o que dá no mesmo, a rejeição simultânea ou negação conjunta de A e E; quer dizer, no caso dos quantificadores que nos ocupa neste momento: algum sim e algum não, nem todos nem nenhum.

§8. O lógico, evidentemente, não ignora um tal conceito intermediário. No entanto, ele se recusa a incluí-lo entre os conceitos quantificadores fundamentais, considerando-o uma forma secundária e derivada. A bem dizer ele realmente hesitou um pouco e, mais de uma vez, balançou na tentativa de saber se devia interpretar os particulares como *indeterminados* ou como *parciais*. Aristóteles denominava como "parciais" (ἐν μέρει), comportando expressamente a exclusão da universalidade ou totalidade, as proposições que em seguida foram chamadas de "particulares". Leibniz distinguia, segundo Hospiniano, entre a particular ("algum" restritivo) e a indefinida ("alguma" indeterminada)[1]. Lambert propôs uma divisão ternária das proposições do ponto de vista da

1 L. Couturat, *La Logique de Leibniz*, Paris: Alcan, 1901, p. 3.

quantidade, com os três quantificadores *alle* (tudo), *kein* (nenhum), *etliche* (algum) que ele definiu assim: "*All ist* = 1, *kein ist* = 0, *etliche* ist ein Bruch der zwischen 1 und 0 fällt, den man aber unbestimmt lässt" (*All* é = 1, *kein* é = 0, *etliche* é = uma ruptura entre 1 e 0, que se deixa, no entanto, indeterminado)[2]. Na álgebra de Boole encontra-se igualmente, entre a fórmula $xy = 1$, que corresponde à universal afirmativa, e a fórmula $xy = 0$, que corresponde à universal negativa, uma fórmula $xy = v$, em que v representa uma classe a respeito da qual sabemos apenas que ela é intermediária entre tudo e nada. De fato, em uma lógica das classes em que a negação da inclusão ($O = \sim A$) e a negação da exclusão ($I = \sim E$) confundem-se na intersecção ($Y = \sim A \,.\, \sim E$), mal vemos que lugar atribuir às proposições particulares tradicionais, *these troublesome propositions* (essas proposições perturbadoras), como as qualifica J. Venn[3] que, em razão mesmo de sua indeterminação, lhes recusa o direito de cidadania na ciência, a não ser a título provisório. É bem conhecido o fato de que a figuração das quatro proposições clássicas pelos chamados círculos de Euler sofre de uma incapacidade fundamental para representar separadamente as duas particulares. Enfim, diversos autores relativamente recentes propuseram, sem suscitar, aliás, muitos ecos, sistemas ternários[4]. É notável, entretanto, como observa Jósef Maria Bochenski, que a lógica hindu não conhece senão três espécies de enunciados, e não quatro como a lógica ocidental, porque para ela "alguns S são P" não significa, como para nós, "alguns ao menos", mas antes "alguns ao menos, mas não todos"; de modo que sua proposição particular corresponde ao produto lógico de I e de O, e que ela resulta no triângulo lógico, em lugar do quadrado[5].

Por que a lógica ocidental escolheu final e decididamente o outro partido, e rejeitou as sugestões que lhe foram feitas algumas vezes para substituir

2 *Anlage zur Architektonik*, 1771, 2ª parte, §233 (*Philosophisch Schriften*, ed. G. Olms Hildesheim, 1965, t. 3, p. 202).

3 *Symbolic Logic*, London: Macmillan, 1881, p. 169.

4 Vasiliev, 1910; Ginsberg, 1913-1914; Jacoby, 1950.

5 *Formale Logik*, Freiburg im Breisgau/ Munique: Alber, 1956, p. 505: "Einige S sind P hier nicht wie im Westen bedeutet 'wenigstens einige', sondern 'wenigstens einige und nicht alle'. Das "I" in der oben gegebenen Tabelle entspricht also dem logischen Produkt von I und O im scholastischen Sinne. Daraus würde sich anstatt des westlichen Quadrats ein logisches Dreieck ergeben".

a particularidade média pelas duas particularidades extremas? Primeiro porque semelhante substituição lhe parece inútil: a concepção tradicional lhe permite, com efeito, exprimir, se ela o quiser, esta particularidade média pela fórmula composta "I e O". Em seguida, porque seria nefasto querer tomar assim como elementar uma noção bem complexa, e confundir irremediavelmente suas duas componentes de que se pode ter necessidade, para a análise lógica, de considerar separadamente. Tais são, em substância, os argumentos que Couturat invocava contra a ideia de um sistema ternário de tipo AEY[6].

Mas não é demasiado incômodo, ao contrário, defender a causa da tríade AEY e compreender as razões que podem justificar um emprego linguístico tão geralmente difundido e que ultrapassa largamente, aliás, o caso dos exclusivos quantificadores. É raro, com efeito, que tenhamos necessidade de dissociar o *tertium* em seus dois componentes existencial e restritivo; basta comumente considerar, em um só ato de pensamento, a zona que se estende entre os dois extremos, estando estes igual e simetricamente excluídos. Se nos fosse necessário, entretanto, chegar até essa análise, teríamos então o recurso de regenerar os dois postos I e O pela negação de seus contraditórios E e A: poderíamos assim sempre distinguir, em caso de necessidade, entre a não nulidade e a não totalidade.

Em outros termos: se eu sei que as duas particulares I e O são verdadeiras, terei poucas oportunidades de separá-las e será para mim mais simples pensá-las formando conjunto em Y; se eu sei que uma é falsa, sei por aí mesmo que a universal que lhe é contraditória é verdadeira e, portanto, não tenho nada a fazer senão enfraquecê-la servindo-me da particular subalterna; resta, enfim, a terceira possibilidade, o caso em que eu sei somente que uma é verdadeira e é aí, evidentemente, que a separação clássica de duas particulares seria mais útil, porém como essa verdade equivale à falsidade da universal contraditória, a negação desta me dá ainda o meio de pensar aquela.

6 *Revue de métaphysique et de morale*, janv.-mars 1913, e mars 1914.

Sustentar-se-á talvez que é preferível, para um lógico empenhado antes de tudo ao rigor formal, se apegar à tétrade clássica. Digamos então, de nosso lado, que quem tentar construir um instrumento que permita analisar os sistemas de conceitos tais como os encontramos realmente no pensamento comum, tem interesse de não se apegar a esta forma. Ele tem boas razões para simplificar a tétrade do lógico pela instituição de uma particularidade neutra, resultante da composição das duas particularidades afirmativa e negativa: essas duas desaparecem então do quadro fundamental, o que não impede de reconstituí-las excepcionalmente, em caso de necessidade, a título de noções derivadas. E esta interpretação se imporá efetivamente quando, saindo dos quadros da lógica clássica, mas nem por isso do pensamento mais comum, tivermos de nos haver com essas proposições particulares que De Morgan chamava de "numericamente quantificadas" (por um número, uma proporção, uma porcentagem: *dois dos alpinistas pereceram, os três quartos dos candidatos foram eleitos, 92,7% dos eleitores inscritos votaram*), e mesmo se esta determinação quantitativa permanece das mais vagas (*muito, pouco, a maior parte, um certo número, quase todos* etc). Tais proposições, que negam implicitamente a universalidade, devem seguramente ser consideradas particulares; particulares que, é verdade, cessarão então, amiúde, de ser medianas, mas que permanecem necessariamente neutras. Ora, essas proposições não têm lugar no quadrado lógico; sua precisão ao menos relativa proíbe situá-las em I ou em O. Essa é uma das razões pelas quais os lógicos acolheram comumente muito mal a sugestão de De Morgan, assim como, mais tarde, as sugestões análogas feitas por Sheffer[7]. Quando se pensa, entretanto, no lugar que têm em nosso pensamento proposições desse gênero, seremos tentados a bradar diante da recusa que se lhes opõe: pior para a lógica!

7 Ao lado do quantificador que ele indica por *Lnx* (para ao menos *n x*), que dá de novo a proposição em I no caso em que n = 1, Sheffer propõe um quantificador *Mnx* (para no máximo *n x*) e um quantificador *Jnx* que une os dois precedentes (para exatamente *n x*) e que corresponde àquelas das proposições de De Morgan, cuja quantificação numérica é precisa. Outros simbolismos foram ulteriormente imaginados para estes mesmos quantificadores pelo próprio Sheffer ou ainda por A. N. Prior. Bem recentemente N. Rescher sugeriu do mesmo modo o uso de um quantificador M, que significaria "para a maior parte". Plurality Quantifications, *Journal of Symbolic Logic*, 1962, p. 373-374.

§9. Como se apresentam, na tríade assim substituída ou antes adicionada à tétrade tradicional, as relações de oposição? Subsiste do antigo quadro a oposição dos contrários A e E. Mas a contração em um só posto das duas particulares I e O suprime a oposição das subcontrárias; e como as contraditórias se distinguem das contrárias pelo fato de que a um dos traços da contrariedade (impossibilidade da dupla verdade), elas juntam o traço simétrico da subcontrariedade (impossibilidade da dupla falsidade), a supressão dos subcontrários acarreta com ela a das contraditórias. A relação de Y com A e com E seria, portanto, a da subalternação? Não, em absoluto, porquanto Y é precisamente a negação conjunta de A e de E. Portanto, não só ele não pode jamais ser deduzido de um ou de outro, mas, muito ao contrário, ele é excluído por eles, do mesmo modo que, reciprocamente, ele os exclui. O que resulta em dizer que a relação de Y com A e com E é a mesma que opõe A a E, a da incompatibilidade e, por conseguinte, da contrariedade. Entre dois termos quaisquer de nossa tríade reina, pois, uma só forma de oposição: juntos eles não podem ser verdadeiros, mas podem ser falsos um e o outro.

Aqui vemos como se distinguem, mas também como se relacionam uma com a outra, as duas acepções principais a que se prendem, desde Aristóteles, a oposição dos contrários: a dos dois extremos de um mesmo gênero, a de termos que aceitam estar unidos e que se excluem mutuamente; de um modo mais breve, a contrariedade por contraste e a contrariedade por incompatibilidade. Se é verdade que uma contrariedade qualquer não pode estabelecer-se a não ser entre termos homogêneos ou, se assim quisermos, em um mesmo universo do discurso, não é menos verdade, entretanto, que aquela que opõe em um gênero os dois extremos não é senão um caso particularmente agudo, e de algum modo exemplar, da incompatibilidade. A contrariedade-contraste se subsume, portanto, sob a contrariedade-incompatibilidade como a espécie sob o gênero. É uma maneira de contrariedade que é mais forte do que a outra, que ela implica, e que se aproxima mais da oposição dos contraditórios da qual ela toma de empréstimo necessariamente a forma diádica. Mas ao lado dela, há lugar para uma espécie de contrariedade mais fraca, cujos termos se excluem mutuamente sem ser necessariamente levados ao mais alto grau possível de contraste e que são, pois, obrigados a agrupar-se só em pares. A transição entre essas duas formas de contrariedade é assegurada pela contrariedade diametral, que se encontra quando dois termos se opõem simetricamente de cada lado de uma mediana: por exemplo, de uma parte e de outra de *algumas vezes*, respondem-se *amiúde* e *raramente*. Esses contrários diametrais formam necessariamente pares como os contrários por contraste máximo que constituem um caso limite deles, mas eles podem, como os contrários por incompatibilidade, unir termos cada vez menos distantes, por compressão em torno da mediana.

A teoria clássica tinha por efeito unificar as duas noções da contrariedade, das quais uma se relaciona, na lógica aristotélica, à oposição dos conceitos, e a outra à oposição das proposições. Se, com efeito, consideramos as duas proposições que são aqui designadas como contrárias, vemos que elas não são apenas incompatíveis, como exprime a lei que as rege, mas também que os conceitos quantificadores que as diversificam, *tudo* e *nada*, são extremos de um mesmo gênero, esticando a incompatibilidade até o último grau do contraste. Assim, a segunda noção da contrariedade vem se enxertar na primeira para precisá-la ao limitá-la, porém de maneira implícita e quase sub-reptícia. A consideração de nossa tríade de contrárias[8], com a introdução do *tertium* que preenche a lacuna, apresenta essa vantagem, que ela obriga a dissociar duas noções que são ainda assim distintas. Entre dois termos opostos poderemos, portanto, reconhecer dois graus de incompatibilidade – e mesmo três se ultrapassarmos o caso dos exclusivos contrários: a incompatibilidade simples atuando entre um

8 As hesitações dos lógicos, que lembramos no começo do §8, sobre a interpretação dos particulares, trouxeram naturalmente consigo ao lado da forma quadrática das oposições, a sugestão de um triângulo dos contrários. Pode-se encontrar já o começo dele em Aristóteles. Ver Paul Jacoby, A Triangle of Opposites in Aristotelian Logic, *The New Scholasticism*, 1950, v. 24, n. 1, p. 32-56.

número qualquer de termos, e da qual nossa tríade oferece um exemplo elementar; a incompatibilidade com contraste que joga entre dois termos opostos, com omissão dos intermediários, como nos opostos diametrais e, por excelência, nos opostos extremos, como aqueles que figuram no par clássico das proposições contrárias; enfim, uma incompatibilidade que, combinada com a disjunção, torna-se uma alternativa, excluindo expressamente a possibilidade de um terceiro, e transformando os contrários em contraditórios.

Quando, como no sistema clássico, os contrários se reduzem ao par dos extremos, dá evidentemente no mesmo estudar a relação entre dois contrários ou o sistema dos contrários. Com uma tríade, as duas coisas cessam de coincidir. E não é somente o número de seus elementos que distingue nossa tríade dos contrários da díade clássica: fazendo figurar aí o terceiro, completa-se um sistema que, até aí, permanecia aberto. Seus termos não são apenas necessariamente contrários, mutuamente exclusivos, eles se tornam também coletivamente exaustivos. Denominaremos de *perfeitos* os sistemas de conceitos que unem essas duas propriedades, isto é, que são ao mesmo tempo completos e simples, sem lacunas nem redundâncias. A reunião desses dois caracteres pertence, no quadro clássico, somente aos contraditórios. Um par de contraditórios forma uma verdadeira alternativa, regida, sabemo-lo, por um "princípio do dilema", ele próprio constituído pela reunião de dois princípios de exclusão dos quais um concerne ao verdadeiro (princípio de contradição) e o outro ao falso (princípio do terceiro excluído). Mas cada um desses dois princípios pode, por sua vez, ser entendido de duas maneiras: uma fraca (exclusão da verdade comum ou da falsidade comum) e uma forte (exclusão da dupla verdade ou da dupla falsidade). Naturalmente confundidas quando se está às voltas com uma alternativa em que a qualidade de ser comum se reduz a duas, elas se dissociam desde que o sistema conte com mais de dois termos. Nossa tríade dos contrários admite a forma forte do primeiro princípio (exclusão da dupla verdade) e a forma fraca do segundo (exclusão da falsidade comum): ela conta exatamente com um elemento verdadeiro e dois falsos. Se reunirmos esses dois princípios em um só poderemos chamá-lo de *princípio do trilema* ou mesmo, mais precisamente, do agora *trilema estrito*: "de três coisas, uma".

Agora, se em vez de compararmos a tríade dos contrários com a díade correspondente do sistema inicial nós a comparássemos ao conjunto desse sistema no qual ela aparece como uma espécie de redução, veríamos que a posse desse caráter que acabamos de chamar *perfeito* é, ainda, para ela, um traço distintivo. Pois se a díade dos contrários por contraste era deficiente, a tétrade clássica das opostas é, por seu turno, superabundante. Ela cobre realmente, como a tríade, o campo inteiro dos possíveis, mas ela admite duplos empregos, e é precisamente por isso que ela pode comportar relações de subcontrariedade e de subalternação. Quando se faz desaparecer esses transbordamentos pela conjunção das duas particulares, a qual elimina em cada uma a parte que tinha em comum com a universal correspondente, suprime-se, no mesmo lance, a possibilidade de uma dupla verdade e, portanto, a de subcontrárias e de subalternas.

O que perde assim em complexidade com respeito ao quadrado lógico, a tríade dos contrários ganha em determinação. Longe de ser, comparada a ele, uma construção artificial, ela responde, ao contrário, melhor do que ele, às exigências de um pensamento preocupado com o rigor, cujo ideal seria precisamente o de saber organizar os seus conceitos em sistemas perfeitos. À regra positiva da enumeração, *efetuar em toda parte contagens tão inteiras e revisões tão gerais quanto se esteja seguro de nada omitir*, ela conjuga a regra negativa da economia: *proibir-se de fazer figurar duas vezes o mesmo elemento*. A ciência evita, tanto quanto possível, a indeterminação de duas "particulares" da lógica clássica.

4. Reestruturação da Teoria Clássica: O Hexágono Lógico

§10. Entretanto, bem mais do que uma simplificação da tétrade inicial, convém encarar a tríade AEY como uma diversificação de um de seus elementos. É verdade que ela foi obtida contraindo em um só posto as duas particulares, mas justamente porque essa contração tem por efeito provocar o desaparecimento das relações que supõem o transbordamento, e porque a forma triádica regular, de outra parte, não tolera em si as contraditórias que são necessariamente diádicas. É mais justo, e aliás mais conforme ao nosso propósito, considerar essa tríade como um quadro completo das relações de contrariedade, quadro que exige, por seu turno, ser substituído como elemento em um sistema geral de opostas, porém um sistema mais rico que o original. Em outros termos, aquilo ao que a tríade dos contrários substitui, não é à totalidade do sistema clássico, à tétrade dos opostos, é somente a uma de suas partes, à díade dos contrários. É preciso agora, a partir desse elemento, regenerar o conjunto do novo sistema no qual o antigo apareça como uma forma empobrecida.

É claro que, dado o fato de a tríade dos contrários já constituir um sistema exaustivo, todo elemento adicional transbordará de alguma maneira sobre um ou outro dos três primeiros, de modo que se poderá de novo considerar a possibilidade da subcontrariedade e da subalternação. E não é nada mal fazer surgir três novos postos, dois dos quais aliás nada mais farão do que retomar o lugar do qual haviam sido momentaneamente retirados. Pois todo termo *x* admite um contraditório não-*x*, e se o nosso quadro ternário não comporta contraditórios, eles serão aí introduzidos explicitando-se para cada termo aquele que é sua exata negação: transformar-se-á assim a tríade em um sistema hexádico. Nós já conhecemos os contraditórios de A e de E: nós havíamos contraído ambos em um só termo para ocupar um novo posto Y, mas é sempre possível conservá-los sem com isso suprimir o posto Y, admitindo por consequência três espécies de proposições particulares: existenciais (I), restritivas (O) e neutras (Y).

Recusar-se-á talvez essa multiplicação, alegando-se que é preciso tomar partido, e se pode realmente decidir por distinguir as duas particulares, ou, ao contrário, por reuni-las, mas que não se deve fazer as duas coisas ao mesmo tempo, e que é mister escolher. Acrescentar-se-á que, uma vez que se impõe uma opção, mais vale manter I e O, que são termos simples e primitivos, enquanto Y, obtido pela combinação deles, é um termo complexo e derivado.

Nem uma, nem outra dessas objeções deve, no entanto, nos deter. Um exame, ainda que sumário, basta para afastá-las, ou antes, ele as conduziria de volta à situação anterior. Para começar pela segunda, é bem evidente que Y será, com efeito, um termo derivado e complexo se nós o definirmos pela conjunção de I e de O, como foi realmente necessário fazê-lo uma vez que partimos da tétrade clássica. Todo termo definido é necessariamente derivado dos primitivos, e é composto com os elementos que entram em sua definição. Mas, sabe-se bem que, para uma noção, o fato de ser primitiva ou derivada nada tem de absoluto e depende de uma escolha arbitrária. Se tivéssemos tomado como termos simples e primeiros os dois extremos e sua média, quer dizer, a tríade AEY, então I e O é que teriam se tornado derivados e complexos, pois I se definiria então como a disjunção ou soma lógica de A e de Y (*todos ou alguns somente*), e O como a disjunção ou soma lógica de E e de Y (*nenhum ou alguns*). A verdadeira questão é a de se saber qual dessas duas partes igualmente legítimas de um ponto de vista puramente lógico nos leva a seguir a ordem mais conforme à razão. E, julgar-se-á, sem dúvida, mais natural escolher como primeiro aquele dentre os conceitos que é, como A e E, exatamente determinado, e que com eles completa um sistema, por conseguinte perfeito, mais do que conceitos essencialmente indeterminados, heterogêneos aos dois primeiros, com os quais fazem em parte duplo emprego e que ademais cruzam-se um sobre o outro.

Quanto à censura de misturar coisas díspares, lhe oporemos o seguinte dilema: ou vocês querem alguma coisa clara, que não padeça de nenhuma ambiguidade. Então, com efeito, vocês não podem admitir ao mesmo tempo I, O e Y. Mas, os termos que vocês deverão excluir do sistema serão I e O, pois são eles precisamente os dois indeterminados que se sobrepõe sobre os dois vizinhos, e é Y que será preciso manter. Ou vocês se empenham absolutamente em conservar I e O, admitindo por consequência as sobreposições. Então vocês não podem opor objeção de princípio àquilo que se acrescenta a Y, isto é, uma particularidade média ou neutra, sobre a qual avançarão de uma parte e de outra uma particularidade existencial ou afirmativa e uma particularidade restritiva ou negativa, assim como essas transbordam, por seu outro lado, sobre cada uma das universais. Teremos então três espécies de *algum*. Mas essa dissociação, longe de embaralhar as coisas, ajudará, ao contrário, a dissipar confusões, às quais o lógico clássico, que afasta deliberadamente o sentido Y, permanece exposto. J. N. Keynes reconhece esse perigo: muitos lógicos, escreve ele, "não souberam enxergar as armadilhas que cercam o emprego da palavra *algum*... e poder-se-ia citar muitas passagens em que eles adotam manifestamente o sentido: *alguns mas não todos*". Jespersen, que registra essa confissão, pergunta maliciosamente por que os lógicos se divertem estendendo assim armadilhas ao empregar palavras usuais em acepções que se afastam do uso normal[1].

§11. Por evidentes razões de simetria, a admissão, em torno de Y, de postos I e O que são as negações contraditórias respectivamente de E e de A, obriga a completar o sistema com um sexto posto, negação contraditória de Y, e que deveria portanto ser situado, no diagrama, em oposição diametral a ele, isto é, entre A e E. Todavia, a relação desse novo termo com seus dois vizinhos, que são bem determinados e se excluem mutuamente, não poderia ser a mesma que aquela que liga Y aos dois indeterminados que o enquadram. Estes, estendendo-se um sobre o outro, tornavam possível formar seu produto lógico ou conjunção, ao passo que o produto lógico, isto é, a parte comum de dois termos mutuamente exclusivos, é evidentemente nulo; ou, para dizê-lo de outro modo: sua incompatibilidade proíbe conjugá-los. É somente sua soma lógica ou disjunção que permanece concebível. As leis de dualidade, ditas de De Morgan, ensinam, aliás, que a negação de uma conjunção equivale à disjunção entre a negação de cada um de seus termos; e como A e E são precisamente as negações de O e de I, isto é, dos dois termos que unem Y, resulta daí que a negação de Y será exprimível pela disjunção de A e de E. Para designar por um símbolo simples esse sexto posto, resta-nos a vogal U.

O raciocínio que vale para a relação de U com respeito a Y vale naturalmente também, *mutatis mutandis*, para a relação de I com E, e de O com A. Pode-se portanto dizer, de um modo mais geral: uma vez que os três termos AEY são mutuamente exclusivos e coletivamente exaustivos, a posição de um equivale à negação simultânea dos outros dois, e a negação de um resulta na posição de *um ou outro* dos dois que restam. O contraditório de qualquer um dos termos da tríade pode, pois, construir-se

1 O. Jespersen, *Philosophy of Grammar*, 6 ed., 1951, p. 324, nota, com referência a John Neville Keynes, *Formal Logic*, 4 ed., 1906, p. 200.

como a disjunção dos dois outros. Já havíamos visto isso para I e O, respectivamente analisáveis em A V Y e E V Y, nós o reencontramos para U, analisável em A V E.

A instituição desse novo posto[2] não é ditada por exclusivas razões de simetria, para marcar uma localização teórica que nossos conceitos usuais deixariam, de fato, desocupada. No caso que nos concerne neste momento, o dos conceitos quantificadores, ele corresponde ao pensamento do "tudo ou nada". De um modo mais geral, ele simboliza a própria ideia dos extremos, oposta à do caso médio, a ideia dos *termos* no sentido próprio da palavra ὅροι, o que delimita. É assim que, por exemplo, os matemáticos reúnem os dois conceitos das *maxima* e das *minima* naquilo que eles chamam de os *extrema*: o extrema (U), é o que é máximo ou mínimo (A V E), e não está entre os dois (não-Y). Bem longe de ser esse posto U uma pura ficção lógica, uma "janela cega", o próprio vocabulário atesta que muitos sistemas de conceitos lhe consignam expressamente um ocupante, e numerosas são também as díades que se deixam analisar em um sistema simplificado UY. Exemplos ulteriores trarão a ilustração disso.

§12. Enquanto o restabelecimento de I e de O reintroduz no sistema todas as relações clássicas de oposição, o surgimento do sexto posto U, ligado aos outros cinco, complica a rede. Nós já sabemos que ele é oposto à Y contraditoriamente. Verificar-se-á, com facilidade,

2 Nós já havíamos chegado, de nossa parte, a essa noção do hexágono lógico e de seu uso generalizado quando, depois de este nos ter sido parcialmente reportado em uma nota publicada em *Mind*, juil. 1952, p. 369 e s., e após ter sido enviado à *Theoria* o artigo em que o havíamos exposto uma primeira vez, tomamos conhecimento da *Logique* de Augustin Sesmat que acabava de aparecer, e na qual, nos de §115 a §130 do tomo 2 (1951), encontramos desenvolvida com solidez de detalhes e conforme um vocabulário bastante pessoal, essa mesma ideia de uma ampliação do quadrado lógico em um hexágono. Mas, embora esse autor haja levado também em consideração o caso das relações, e notadamente a da igualdade matemática, sua teoria permanecia centrada no caso das proposições atributivas quantificadas e não se apresentava com a mesma generalidade que já havíamos dado à nossa. – Assinalemos também um emprego diferente, aliás, do nosso, do hexágono lógico por Tadeusz Czezowski, que introduz os postos U e Y a fim de poder arrumar as *proposições singulares*, afirmativas ou negativas, preservando a sua originalidade. Ver On Certain Peculiarities of Singular Propositions, *Mind*, 1935, p. 392-395. Ulteriormente, a ideia do hexágono lógico apareceu em um artigo de Leônidas Hegenberg, A Negação, *Revista Brasileira de Filosofia*, São Paulo, n. 28, 1957, p. 448-457; não pudemos tomar conhecimento desse trabalho, mas a julgar pela breve resenha que é dada no *Journal of Symbolic Logic*, 1960, p. 265, o autor parece permanecer ainda no quadro restrito da teoria clássica das proposições.

 que sua relação com I e com O é a de subcontrariedade, e que ele se comporta, em relação à A e à E, como subalterno deles.

Assim como o triângulo AEY era o dos contrários, o triângulo simétrico UIO é o dos subcontrários, em que cada par tolera a dupla verdade, mas não a dupla falsidade. Do mesmo modo que na tétrade clássica – que a héxade nada faz senão prolongar, mas cujos dados ela respeita – reencontramos aqui a complementaridade da subcontrariedade e da contrariedade. A tríade dos subcontrários é regida pela forma fraca do princípio da exclusão quanto ao verdadeiro, e pela forma forte do princípio da exclusão quanto ao falso: ela exclui a verdade comum, mas não a dupla verdade, ela exclui a dupla falsidade e, com muito mais razão, a falsidade comum. A reunião desses dois princípios constitui uma espécie de *princípio do trilema grande*: "de três coisas, duas". Portanto, ao passo que a tríade dos contrários comporta um elemento verdadeiro e dois falsos, a dos subcontrários comporta dois elementos verdadeiros e um falso. Essa propriedade dos subcontrários é naturalmente, como no caso dos subcontrários clássicos, uma consequência dos transbordamentos. Estamos aqui às voltas com três "indeterminadas", e essa qualificação que Teofrasto já aplicava às duas proposições particulares convém igualmente a U.

Cada um dos pares que podem ser formados com esses novos termos UIO, assim analisados e desdobrados em uma disjunção, é resolvido, pois, em um sistema de quatro termos emprestados da tríade dos contrários e dos quais um, comum aos dois subcontrários considerados, é redobrado, ao passo que os dois outros esgotam com ele os casos possíveis: daí por que, se o termo comum é colocado, as duas proposições subcontrárias são verdadeiras em conjunto, ao passo que se ele é excluído, um dos dois outros termos contrários é necessariamente colocado, de modo que uma ou outra das duas subcontrárias é verdadeira, e que elas não podem, portanto, ser falsas em conjunto.

Observar-se-á que, completando o sistema pela adjunção do par UY, dissipa-se uma confusão que favorecia o quadrado lógico, forma truncada do sistema. Este sugeria, com efeito, associar às proposições particulares o caráter de indeterminação, enquanto as universais apareciam, e só apareciam, como determinadas. Vê-se bem agora que essas ligações eram acidentes, resultantes de lacunas, visto que estavam colocadas de modo equivocado com os dois novos postos. Não é a *particularidade* que acarreta a indeterminação, é a *disjunção*. E a razão disso aparece claramente, uma vez que uma disjunção nos deixa indecisos entre várias possibilidades: esta ou aquela. Ao passo que as conjunções não comportam tal indeterminação. Daí por que Y, que é particular como I e O, é, no entanto, determinado como A e E, porque só conserva de I e de O seu elemento comum, aquele que, com A e E, completa o sistema. Inversamente, U, que se pode considerar como universal, é indeterminado como I e O, e por uma razão análoga. Com o quadrado lógico, a ausência de Y não deixa quase aparecer o caráter disjuntivo de I e de O, e a ausência de U, não deixa quase aparecer o caráter conjuntivo de A e de E; ao passo que a coincidência entre as duas particulares e as duas indeterminadas convidava a associar as duas noções, assim como entre as duas universais e as duas determinadas. Parece agora que não se deve confundir duas divisões: a das universais AUE e das particulares IYO, e das determinadas AYE e das indeterminadas IUO, sendo esta segunda divisão comandada pela das conjuntivas e das disjuntivas.

Acrescentamos, para afastar uma objeção possível, que é preciso igualmente evitar confundir *determinação* e *precisão*. Poderíamos, com efeito, espantar-nos de ver aplicado, no caso dos conceitos quantificadores, essa qualificação de "determinado" ao conceito Y. Pois se *todos* e *ninguém* são indubitavelmente bem determinados, o caso parece diferente para o *algum* neutro, que cobre toda a zona intermediária, e que vale também tanto para 99% quanto para 1%. Se me dizem que *todos os passa-*

geiros pereceram no acidente, ou então *nenhum*, eu sei ao que me apegar a respeito daquele cuja sorte me inquieta, mas não se me dizem que *houve algumas vítimas*. Esse último caso pode, entretanto, ser qualificado de determinado, no sentido de que ele é exatamente delimitado, tem termos, no sentido de fronteiras, de limites, que são justamente *todos* e *nenhum*. Sem dúvida, uma grande distância separa esses dois limites, e daí por que *algum* carece de precisão; mas ele não comporta ambiguidade, e distingue-se sem nenhuma zona de perturbação dos dois outros casos. Assim a noção de determinação é mais ampla do que a de precisão: a primeira é implicada pela segunda, mas sem reciprocidade. Não seria, aliás, necessário crer que, em uma tríade de contrários, a imprecisão afeta sempre o termo médio. Isso é verdade para algumas dentre elas: acabamos de constatá-lo em relação a *todos, algum, nenhum*, nós a reencontraríamos no tocante a *paralelo, oblíquo, perpendicular* ou para *branco, cinza, preto*. Mas há casos em que, ao contrário, é o conceito médio que é preciso, operando um corte nítido em uma continuidade que se estende então, às vezes indefinidamente, de uma parte a outra. Exemplos: *agudo, reto, obtuso*; *anterior, simultâneo, posterior*; *superior, igual, inferior*. Nesse caso, os dois conceitos *enquadrantes* – esse nome lhes convém melhor do que o de *extremos*, que se pode, entretanto, conservar, por extensão analógica – são imprecisos; eles não permanecem menos determinados, visto que têm, ao menos de um lado, um limite exato, que basta para interditar todo transbordamento e toda indecisão[3].

Fonte das relações de subcontrariedade, os transbordamentos o são também das relações de subalternação, estando a subalternante inclusa na subalternada e, por consequência, implicando-a. Reencontrá-las-emos, portanto, em nossa héxade, mas sem as interrupções que resultavam da omissão dos postos U e Y: elas ligarão agora, em uma cadeia contínua, todos os elementos do

3 Ver infra, p. 172-173, que as qualificações de determinado e de indeterminado possuem apenas um sentido relativo.

sistema. Todos os postos imediatamente vizinhos são aí com efeito, aparentados por essa relação. Cada um dos conceitos indeterminados UIO é o subalternado dos dois conceitos que o flanqueiam: ele os contém porquanto é a disjunção deles, e ele está, pois, implicado por eles. E pela mesma razão, os três conceitos determinados AEY são, inversamente, subalternantes de um lado e de outro. Em suma, cada subalternado tem dois subalternantes cuja disjunção ele estabelece, e cada subalternante têm dois subalternados cuja conjunção ele estabelece.

O conjunto dessas relações será comodamente representado pelo diagrama abaixo, espécie de hexágono lógico destinado a substituir, ou antes a completar, o quadrado lógico habitual que aí se reconhece com facilidade[4], sob a forma de um retângulo ligeiramente achatado:

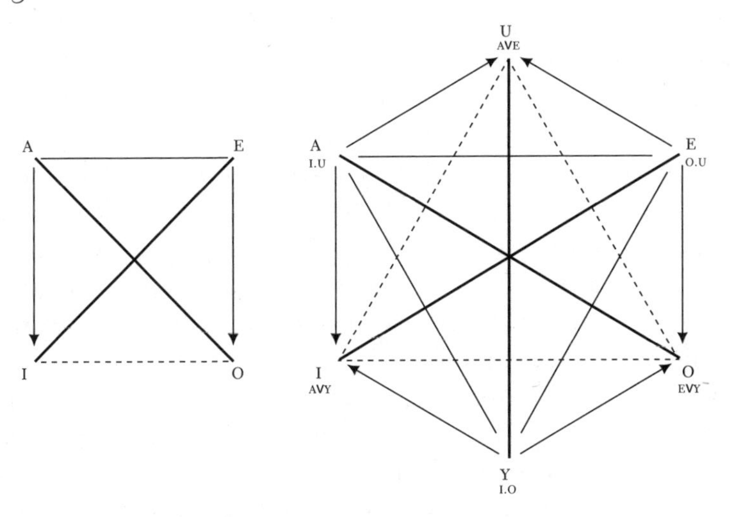

Ler-se-á aí sem dificuldade a estrela das contraditórias, o triângulo dos contrários e o dos subcontrários, enfim o cinturão dos subalternos, indo as flechas naturalmente dos subalternantes aos subalternados.

4 Para facilitar a comparação nós o reproduzimos ao lado de hexágono.

Com uma tal constelação hexádica, cada termo tem naturalmente cinco opostos. Vê-se em nosso esquema que cada qual conserva, como convém, um e um só contraditório, mas conta doravante com dois contrários ou dois subcontrários, e dois subalternantes ou dois subalternados. Vê-se também aí que a contradição, figurada por uma estrela de seis ramos que traça os eixos de simetria do sistema, se estabelece aí entre três pares distintos; que a contrariedade e a subcontrariedade são similarmente representadas por um triângulo, mas o primeiro deles liga, não o conjunto dos conceitos universais, mas o dos conceitos determinados (analisáveis em conjunções) e o segundo, não o conjunto dos conceitos particulares, mas o dos conceitos indeterminados (analisáveis em disjunções); que, enfim, a subalternação é aí sêxtupla, desenhando um hexágono que liga dois a dois os termos vizinhos, mudando cada vez de sentido. A tétrade clássica contava, contra duas relações de contradição e de subalternação, com uma só relação de contrariedade e uma de subcontrariedade: é que ela não dava dos contrários senão um quadro mutilado, fornecendo de fato os elementos constitutivos do meio, mas sem explicitá-lo em um termo distintivo; e, do mesmo modo, analogicamente, para os subcontrários. Desde que se faz menção expressa desses termos, não somente contrários e subcontrários tomam a forma triádica, mas os dois termos novos assim introduzidos e diametralmente opostos compõem um terceiro par de contraditórios e, ademais, pela mediação que estabelecem entre A e E, assim como entre I e O, eles permitem ligar passo a passo todos os termos do sistema e afivelar assim o cinturão da subalternação.

Essas diversas relações permitem definir cada termo por uma expressão em que figura, só ou acompanhado, qualquer dos cinco outros termos. A lógica clássica já ensinava como um termo qualquer do quadrado lógico se deixava definir, com diversos usos da negação, a partir de não importa qual dos três outros. Destacando os dois novos postos que, com o quadrado, permaneciam subentendidos, pode-se também definir qualquer dos termos por um ou outro dos dois pares que lhe são opostos não-contraditoriamente. Com seus dois vizinhos, cada conceito mantém uma relação de subalternação, a qual não envolve a ideia de negação; daí por que a expressão que recorresse a negações, logicamente possível, seria desviada, e careceria de naturalidade. A expressão mais simples e mais direta é, nós o vimos, a conjunção para os conceitos determinados, por exemplo, A=U.I (*e*); a disjunção, para os indeterminados, por exemplo, I=A∨Y (*ou*). Enfim, com os dois termos que subsistem, aqueles que enquadram o contraditório, o conceito inicial mantém uma relação de contrariedade ou de subcontrariedade, na qual intervém uma certa negatividade, mais pronunciada para os contrários, mais atenuada para os subcontrários. Para exprimir por esse par o conceito inicial, cumpre, portanto, recorrer à negação binária; sob sua forma forte, a da rejeição, no primeiro caso, por exemplo, A=E∧Y (*nem...nem...*) sob sua forma fraca, a da incompatibilidade, no segundo caso, por exemplo I=U|O (*não ao mesmo tempo... e...*). Assim, os diversos operadores, aos quais é preciso recorrer para caracterizar a relação de qualquer um dos conceitos da héxade com o conjunto de seus companheiros são, de um lado, a negação para seu contraditório, de outro lado, os quatro conectores binários que formam o grupo das junções: conjunção das subalternadas e rejeição das contrárias para os conceitos determinados, disjunção dos subalternantes e incompatibilidade das subcontrárias para os indeterminados.

§13. Objetar-se-á que esse recurso a relações binárias testemunha que nossa héxade é menos primitiva do que a tétrade clássica, a qual pode ser construída por meio da exclusiva negação? E que além disso é sobre a negação sozinha, princípio de toda oposição, que deve repousar um sistema de conceitos opostos? Nós concordaríamos realmente que toda oposição verdadeira é, com efeito, a base da negatividade, mas acrescentaríamos imediatamente que não se deve confundir as relações de oposição propriamente ditas com o conjunto das relações que reinam entre os termos de uma família de opostos. Os únicos verdadeiros opostos, já se fez mais de uma vez a observação, são aqueles que se excluem mutuamente, isto é, os contrários e os contraditórios. Daí por que, no próprio quadrado lógico, a construção do quarto posto (I) com a negação tem algo de indireto e de forçado. O que confirma que o pensamento, em seu exercício normal, quase não conhece um tal modo de formação, é que, se é fácil de exprimi-lo pela notação simbólica, por exemplo, $I = \sim A \sim$, a coisa é quase impossível na linguagem corrente, ao menos em francês. Se recusássemos essa referência ao pensamento espontâneo para permanecer no plano das possibilidades lógicas, veríamos que então seria possível, se nos empenhássemos nela verdadeiramente, construir nossos cinco postos com a negação, admitindo ao lado da negação simples a negação binária: a incompatibilidade e a rejeição são, com efeito, as duas formas que essa negação binária pode assumir e a conjunção e a disjunção podem ser encaradas, por sua vez, devido a reciprocidade dos contraditórios, como as respectivas negações da incompatibilidade e da rejeição. Um lógico não poderia, aliás, contestar aqui a admissão da negação binária, porquanto de seu ponto de vista ela é, ele o sabe desde Sheffer, mais primitiva ainda que a negação simples: com efeito, pode-se definir esta por aquela, sob uma ou outra de suas formas, mas não inversamente. Mas uma tal ordem seria, reconhecer-se-á esse fato conosco, uma derrubada da ordem racional, segundo a qual a incompatibilidade e a rejeição são, ao contrário, concebidas por negação da conjunção e da disjunção. Restariam, portanto, como relações fundamentais e primitivas, a negação, a conjunção e a disjunção. Sendo estas duas últimas interdefiníveis por meio da negação, como o ensinam as leis de De Morgan, pode-se, sem dúvida, levar mais longe a redução, e perguntar-se qual das duas se deve considerar como racionalmente mais primitiva. Conviria, sobre essa questão, mostrar-se mais reservado, e nós hesitaríamos, de nossa parte, em apresentar uma resposta absolutamente firme. Se fosse preciso, não obstante, tomar partido, nosso favor iria nitidamente para a conjunção[5]. Que o *ou* seja uma noção mais complexa e mais tardia do que o *e*, disso, à falta de prova absolutamente convincente, veríamos um indício bastante significativo no próprio fato de sua ambiguidade (*vel*, *aut*), e nas hesitações prolongadas dos filósofos para saber qual das duas formas, exclusiva ou não, seria mister escolher como fundamental para associá-la à conjunção *e* que não padece, por sua vez, de nenhuma dificuldade semelhante. Na lógica megárico-estoica, por exemplo, é o *ou* alternativo que, nas "indemonstráveis", é tomado como relação binária primitiva, ao lado da conjunção e da incompatibilidade. Foi somente no fim do século XIX, e principalmente devido à simetria que resulta da dualidade morganiana, que a balança pendeu definitivamente para o lado do sentido não-exclusivo[6]. Poder-se-ia talvez extrair também o argumento dos recentes desenvolvimentos das ciências formais, as quais sugerem que o princípio do terceiro excluído, que liga disjuntivamente uma proposição e sua negação, $p \vee \sim p$, tem para o pensamento um caráter menos absolutamente imperioso que o de contradição que os liga conjuntivamente, $\sim(p . \sim p)$.

Ao empregar para sua construção apenas duas ou três operações intelectuais, inteiramente primitivas e elementares, e poder, pois, ser considerado como uma estrutura formal do pensamento em geral, o hexágono lógico apresenta, em relação ao quadrado de Apuleio, diversas vantagens. Deixando-se analisar seja como uma dupla díade, seja como uma tripla díade, ele se presta a informar agrupamentos de tipo ternário assim como de tipo binário. Ele conserva, aliás, o lugar delas nas tétrades, visto que reencontramos nele o quadrado como caso particular ou, mais exatamente, como forma degene-

5 Não seríamos os únicos a ter essa opinião. Assim, Paul F. Linke considera que a lógica propriamente dita é essencialmente a ciência da negação e da conjunção, com suas diversas combinações. Ver notadamente o seu artigo Die mehrwertigen Logiken und das Wahrheitsproblem, *Zeitschrift für philosophische Forschung*, v. 3, 1948, p. 378-398 e 530-546.

6 A respeito dessas hesitações dos lógicos na segunda metade do século XIX ver, por exemplo, J. Venn, *Symbolic Logic*, London: Macmillan, 1881, p. 380-389.

rada ou abreviada. Em razão mesmo de suas lacunas, o esquema clássico apresenta irregularidades, defeitos de simetria que revelam que, com ele, não se está às voltas com um verdadeiro "quadrado". Restituindo os postos subentendidos, a forma sêxtupla restabelece a simetria, e explica ao mesmo tempo as singularidades da forma truncada que ela acaba de completar. Sem dúvida, ela também possui um alto e um baixo, mas ela possui três eixos de simetria em vez de um só, de modo que há, na sucessão de seus postos, uma alternância regular das conjunções e das disjunções, das determinadas e das indeterminadas, das subalternantes e das subalternadas, das contrárias e das subcontrárias, todas as coisas que fazem plena falta ao quadrado. Ela se apresenta assim como uma *Gestalt* melhor equilibrada e melhor articulada.

Resta agora mostrar, pelo uso que se fará dele, que um instrumento assim forjado é de um emprego eficaz, e que se ele possui, tomado em si mesmo, uma "boa forma", ele possui igualmente, em suas aplicações, isso que o senhor Gilbert Simondon denomina uma boa "tensão de informação", entendendo com isso "a propriedade que possui um esquema de estruturar um domínio, de se propagar através dele, de ordená-lo[7].

7 Forme, information potentiels, *Bulletin de la société française de philosophie*, 1960, p. 163.

5. As Cópulas: Igualdade, Inerência, Inclusão

§14. Comecemos pelos conceitos-cópulas e, para ir logo em seguida a um exemplo particularmente ostensivo, consideremos em primeiro lugar a mais fundamental sem dúvida das cópulas matemáticas: a relação de igualdade. Essa relação é uma noção bem determinada e, ademais, completamente precisa: ela pode, pois, ocupar apenas um dos postos da tríade dos contrários AEY. De outro lado, é claro que ela ocupa exatamente o meio entre esses dois outros contrários que são a maioridade (*maior que*...) e a minoridade (*menor que*...): esses, em relação a ela, tornam-se importantes como conceitos extremos ou, caso se prefira, enquadrantes. Nós ordenamos, portanto, os três conceitos em um triângulo de contrários, constituindo um sistema perfeito:

$$>\qquad\qquad <$$

$$=$$

Agora temos às vezes necessidade de considerar a negação de um desses contrários, quer dizer, uma noção indeterminada: seja porque não sabemos, seja porque não temos necessidade de precisar, ou porque temos necessidade de não precisar, qual dos dois outros contrários entra em jogo. A introdução da negação contraditória, a partir da tríade, engendra então uma héxade. É ainda mais fácil notá-la na medida em que o matemático dispõe exatamente do sistema de seis símbolos apropriados:

$$\neq$$

$$> \qquad <$$

$$\geqslant \qquad \leqslant$$

$$=$$

Será difícil admitir que a coincidência seja puramente acidental. Assim, desde o começo, a mais precisa das ciências, aquela que melhor conseguiu analisar e organizar seus conceitos fundamentais, confirma da maneira mais brilhante que nosso hexágono lógico não é um diagrama artificial, porém que ele esquematiza uma estruturação efetiva dos conceitos.

Como a sua verificação é fácil, seremos dispensados de mostrar que todas as propriedades formais, que depreendemos do estudo do hexágono construído a partir dos conceitos quantificadores, encontram-se exatamente nessa estrutura conceitual matemática: quer se trate das diversas relações de oposição, com as inferências que elas têm por obrigação autorizar ou interdizer, quer se trate das equipolências entre cada termo e os outros cinco.

O exame do simbolismo escolhido pelo matemático será uma boa ocasião de precisar os diversos modos possíveis da formação de um sistema hexádico. Pode-se reduzi-los a três, conforme sejam gerados a partir da tétrade AEIO, ou da tríade AEY, ou enfim da díade UY. Nas páginas precedentes, esse foi o primeiro modo de formação que tivemos necessariamente de seguir, uma vez que tomamos como ponto de partida o quadrado lógico tradicional. Mas é claro que, aplicado ao hexágono da igualdade, uma tal gênese, ainda que logicamente admissível, careceria completamente de naturalidade. Seria contrária à ordem das razões tratar os postos I e O como aqueles de noções primeiras, a mesmo título que noções de maioridade e de minoridade, e definir em seguida a igualdade, vista como uma noção derivada, pela conjunção ou produto lógico de I e de O. E quando o segundo termo da relação se reduz a zero, a coisa é ainda mais manifesta: a quantidade é então positiva (A), ou negativa (E) ou nula (Y). A própria figura dos símbolos forjados pelo matemático atesta aliás, suficientemente, que o modo de formação do hexágono é certamente aquele cuja célula inicial é o triângulo dos contrários. Tais são, com efeito, os três símbolos situados em A E e Y que têm uma forma simples, enquanto os outros três são derivados dos primeiros e de duas maneiras diferentes: o do posto U por negação de seu contraditório em Y, os dos postos I e O por disjunção de seus dois vizinhos[1]. Enfim, o terceiro modo de formação, menos natural aqui do que o segundo, não seria, no entanto, desarrazoado: partir da igualdade e de sua negação contraditória, depois analisar qual dos dois conceitos é indeterminado, isto é, a desigualdade, removendo dela as duas possibilidades que seriam os componentes da disjunção – maior ou menor; completando-se então a héxade, seja pela negação desses dois termos, seja por sua associação disjuntiva com a igualdade. Esse modo de formação, com bipolaridade em relação ao eixo U Y encontrar-se-á, sobretudo, nos sistemas em que intervêm noções axiológicas, em que a bipolaridade é essencial; teremos mais adiante exemplos disso.

§15. Comparada à cópula matemática fundamental, com seu desdobramento em um sistema sêxtuplo, a cópula à qual a lógica clássica pretendia reduzir todas as outras aparece primeiro

1 Aliás, para essa derivação, pode-se fazer igualmente o inverso ou ainda adotar um modo de derivação homogêneo para os três casos. Os signos $\gtrless$, $\ngtr$, $\nless$ são pouco usuais, mas seriam imediatamente inteligíveis para um matemático.

como um conceito solitário, não diversificável. Não é da cópula mesma, mas dos quantificadores que especificam nela o uso, que nascem as quatro proposições do quadrado lógico[2]. Não obstante, essa cópula, aparentemente monolítica, presta-se a certo desdobramento devido a interpretação equivocada que se admite a esse respeito, visto que uma mesma proposição pode ser entendida seja em termos de compreensão, seja em termos de extensão. Dessa ambiguidade inicial resultam certas obscuridades, que só se dissipam no caso de se dispor realmente de um esquema ternário suscetível de combinar-se com um esquema de tipo binário.

Na lógica clássica, a interpretação fundamental da proposição é, em princípio, a interpretação em compreensão: a cópula marca a inerência de um atributo a um sujeito, como o atesta a própria escolha das palavras sujeito e atributo para designar os termos da proposição. No entanto, semelhante interpretação só é estritamente adequada para as proposições singulares, aquelas em que o sujeito da proposição é um verdadeiro sujeito, portador de atributos. Ora, a silogística trata essencialmente de proposições gerais, em que o sujeito gramatical designa não um indivíduo, porém, a mesmo título que o atributo, um conceito – sendo essa homogeneidade entre os dois termos da proposição, aliás, requerida para permitir as diversas operações silogísticas. Se quisermos permanecer na perspectiva compreensivista, cumpre, portanto, tratar o sujeito gramatical como um atributo, mas nesse caso ele já não pode ser questão nem de extensão nem de quantidade. A diferença de quantidade transforma-se em diferença de modalidade: há, levando-se em conta as negativas, duas apodíticas A e E (*Se a*, então necessariamente *b*, ou *não-b*), e duas problemáticas I e O (*Se a*, então *talvez b*, ou *não-b*). Para diferenciar as proposições segundo a quantidade, é necessário adotar a interpretação em extensão. Mas, por isso mesmo, renuncia-se as noções de sujeito e de atributo ligadas

2 Os lógicos contemporâneos, quando tratam da silogística, incorporam amiúde esses antigos quantificadores à cópula, e indicam assim as quatro proposições: aAb, aEb, aIb, aOb. Mas trata-se aí de uma simplificação de escritura, ela mesma ligada a uma interpretação das proposições segundo a lógica das relações, coisas que são estranhas à lógica tradicional.

à interpretação em compreensão. Não se poderia, com efeito, falar propriamente da extensão do sujeito, nem mesmo, de um modo mais geral, da extensão de um conceito. O que é suscetível de extensão não é o sujeito, é a classe à qual ele pertence; não é o conceito, é a classe dos indivíduos que satisfazem a função conceitual. Daí por que a velha lógica formal, tomando amiúde a aparência de tratar de proposições atributivas, constitui-se efetivamente como uma lógica de classes – mas uma lógica de classes que permanece contaminada por uma concepção atributiva da proposição.

Pois uma lógica de classes sem prevenção deveria construir--se conforme um esquema ternário. Entre duas classes, há, com efeito, três espécies de relações concebíveis: inclusão, exclusão, intersecção. Trata-se aí de uma tríade de contrários, pois que esses três conceitos abrangem todo o campo dos possíveis, sem transbordar uns sobre os outros porquanto são incompatíveis, e compõem assim um sistema perfeito. Se nos aplicássemos, pois, a constituir uma lógica de classes verdadeiramente adequada, estruturando-a, caso se possa dizer, sob medida, e sem ter a memória obcecada pela lembrança de proposições atributivas e o espírito preocupado com o cuidado de manter uma estreita correspondência com elas, desembocaremos certamente em um sistema ternário. Tal é, com efeito, o sistema de Gergonne. Ele considera, é verdade, cinco relações fundamentais, mas isso porque uma das três relações essenciais deve admitir subdivisões. Pois a relação de inclusão, contrariamente às de exclusão e de interseção, não é simétrica: é preciso, portanto, distinguir nela sua inversa; e como, de outra parte, a relação de inclusão se distingue da de continente para conteúdo no fato de que uma classe se inclui nela mesma, é necessário também levar em conta a recíproca, isto é, a conjunção da relação direta e de sua inversa. Mas se, como o faz, aliás, a teoria elementar das proposições na lógica tradicional, negligenciarmos provisoriamente as inversas mesmo que se tenha de introduzi-las mais tarde como resultante de operações sobre as proposições elementares, permaneceremos ainda em presença de três relações diretas.

Continua sendo, naturalmente, sempre possível reencontrar, a partir daí, o quadrado tradicional, e isso de várias maneiras. Chegar-se-á primeiro a isso, com uma qualquer das três relações fundamentais, pelo *duplo jogo* da negação, por exemplo, com a inclusão: $A \subset B$, $A \subset \bar{B}$, $\overline{A \subset \bar{B}}$, $\overline{A \subset B}$. Mas o que esse método proporcionaria não seria um quadrado, mas exatamente três, apenas com as equipolências de um para com os outros. Se a forma quadrática tende aqui a obliterar, na lógica clássica, a forma ternária, é evidentemente porque retemos no espírito o esquema ditado pela teoria da proposição atributiva, e porque nos empenhamos em reencontrar seu homólogo na lógica de classes. Por que, com efeito, introduzir essas duas indeterminadas, I e O, quando se poderia, de maneira muito mais natural, construir um sistema perfeitamente determinado? J. Venn reconhecia essa anomalia: discípulo de Boole, que construiu a lógica simbólica tomando como modelo uma lógica de classes, admitia, somente a contragosto, essas proposições particulares, que mal se harmonizavam com o sistema. Escreve ele:

> Em verdade duvido muito que, se a lógica tivesse se desenvolvido antes que a de Aristóteles houvesse impresso em nós tão forte marcação, tais proposições [particulares] jamais teriam sido admitidas... As proposições particulares apresentam um caráter temporário e não têm nada de científico, pois a ciência visa o universal[3].

Uma segunda maneira de se obter o quadrado partindo da tríade inclusão-exclusão-interseção, seria analisar o conceito de interseção e dissociar os dois componentes que nele se encontrará, isto é, uma não-exclusão e uma não-inclusão. Isso pode ser útil a título de operação ulterior, para formar noções derivadas e de utilidade secundária. Mas nesse caso, não há nenhum motivo para limitar à exclusiva interseção a aplicação do procedimento,

3 *Symbolic Logic*, p. 169; e também, p. 359-361.

e dever-se-á do mesmo modo analisar a inclusão e a exclusão em seus dois componentes ou, o que dá no mesmo, juntar à não-exclusão I e à não-inclusão O uma não-intersecção U, completando assim a tríade das subcontrárias que se começou a trazer à tona quando se analisou Y em I e O. E que não se descarte esta não-intersecção U alegando que ela é equivocada, deixando indecisa a escolha entre inclusão e exclusão: pois os mesmos escrúpulos deveriam então impedir de se ocupar os postos I e O, que sofrem exatamente do mesmo defeito, sendo similarmente indeterminados. Dito de outro modo: ou, como desejava Venn, a gente rejeita os indeterminados como não-científicos e, nesse caso, se rejeitará igualmente I e O e recair-se-á em nossa tríade inclusão-exclusão-intersecção; ou então se os admitimos, será preciso esticar a héxade – sem que nenhuma razão o justifique – para um hexágono com simetria ternária, um destino diferente para seus três termos fundamentais.

Por isso o espírito que pensa por relações entre classes serve-se, realmente, como material conceitual de base, de uma tríade AEY. Saberia completá-la, se tivesse que fazê-lo, pela tríade contraditória OIU, mas não veria nenhuma razão de privilegiar os dois primeiros termos em detrimento do terceiro. Geralmente, também, quando deve pensar a negação de um dos termos primitivos, prefere se apegar ao modo de pensar afirmativo e se contenta em pensar a disjunção dos dois outros: considerar, por exemplo, que *a* não está incluso em *b*, é considerar que está excluído dele ou que se intercepta com ele.

A representação tão natural de classes e de suas relações mútuas por figuras geométricas ou, mais geralmente, topológicas, ilustra de maneira notória esse caráter triádico da cópula que lhes é apropriada, e a discordância desse sistema com a tétrade clássica das proposições atributivas. É bem conhecido o fato de que o terceiro diagrama de Euler, o de dois círculos que se interceptam, é impróprio para simbolizar separadamente uma ou outra das duas particulares; ele só pode representar, em um único desenho indecomponível, a soma lógica das duas, isto é, precisamente nosso posto Y. Não se saberia, com efeito, representar por uma figura precisa, como se podia fazê-lo com A e E, que são proposições determinadas, proposições como I e O que são, elas também, essencialmente indeterminadas.

A figura da intersecção elimina o caso em que *a* está incluído em *b*, o qual não é, entretanto, excluído pela fórmula *algum a é b*, em que *algum* não tem sentido restritivo: I não nega A, porquanto, ao contrário, é implicado por ele, representando uma de suas possibilidades. De modo semelhante, a mesma figura elimina o caso em que *a* está excluído de *b*, o que, por razões análogas, não é negado pela fórmula *algum a não é b*. Caso se quisesse dar, por meio dos diagramas de Euler, uma das particulares, o único meio de sugerir sua indeterminação mediante figuras que são, por sua vez, determinadas, seria o de apresentar não uma, porém duas dessas figuras em conjunto, especificando que é "uma ou outra", proporcionando a indecisão da escolha, a indeterminação da proposição. Pois I é A ∨ Y, isto é, inclusão ou intersecção: ela será simbolizada portanto pela justaposição de duas figuras incompatíveis, entre as quais ela permanece em suspenso. O mesmo acontece com O, que é E ∨ Y, quer dizer, exclusão ou intersecção. Acrescentemos que não haverá razão, se forem admitidos esses casos indecisos, para não se acolher igualmente a terceira indeterminada U, inclusão ou exclusão, para completar o sistema.

A antiga lógica associava estreitamente, como o direito e o avesso de um mesmo pensamento, a relação de inerência de um atributo a um sujeito, e o de inclusão de uma classe em uma classe. Talvez se compreenda melhor agora um dos motivos que tornava claudicante um tal acoplamento, e que falseava o conjunto da teoria. A lógica clássica explica-se, enquanto fato histórico, como o disse brincando Charles Serrus, por essa dupla circunstância de que Aristóteles falava grego e era biólogo. Ora, acabamos de ver que a família de conceitos opostos, que sugere naturalmente o pensamento por classes, não é exatamente superponível ao esquema quadrático tradicional, inspirado por uma interpretação em inerência da proposição, visto que ela assumiria, entregue a si mesma, a forma triádica AEY, duplicada, em caso de necessidade, pela tríade complementar. É tanto mais lamentável que a segunda forma tenha sido atraída e desnaturada pela primeira, que é na realidade um pensamento em extensão, isto é, por classes, que as operações da lógica formal subentende. A lógica clássica, mesmo formalmente correta, sofre de uma ponta a outra, na sua organização racional, dessa discordância inicial.

6. As Modalidades

§16. Devido à maior complexidade, as proposições modais e as inferências em que elas intervêm são mais delicadas para manejar e para analisar do que as proposições e os raciocínios que se atêm às asserções simples. De fato, as teorias da modalidade gozam de uma reputação bem estabelecida de obscuridade. Elas não são feitas para os imbecis, diziam – mais ou menos – os escolásticos: *de modalibus non gustabit asinus*. Quem houver tentado decifrar os capítulos de 8 a 22 do primeiro livro dos *Primeiros Analíticos* será certamente dessa opinião: é, com efeito, como nota Hamelin, "uma das partes mais difíceis" da obra[1]; e a maioria dos lógicos contemporâneos julga que até uma época muito recente os modernos, inclusive o próprio Hamelin, interpretaram mal essa teoria dos silogismos modais[2].

1 *Le Système d'Aristote*, p. 189.

2 Ainda assim eles próprios não estão inteiramente de acordo sobre a interpretação que convém dar a isso. Bochenski, exprimindo uma opinião, à época bastante retomada entre os lógicos, afirma há tempos (*Ancient Formal Logic*, Amsterdam, 1951, p. 55) que a interpretação correta só fora redescoberta por Arthur Becker (*Die Aristotelische Theorie der Möglichkeitsschlüsse*, Berlin, 1933); e um pouco mais tarde (*Formale Logik*, p. 94, nota), ele declara saber que Lukasiewicz possuía uma interpretação inteiramente diferente, *eine ganz andere Deutung*, que trazia à tona falhas do sistema aristotélico que as inovações introduzidas por Theofrasto corrigiam. Sobre essa interpretação inteiramente diferente, ver a segunda edição de Lukasiewicz, *Aristotle's Syllogistic*, Oxford, 1957. Os trabalhos ulteriores não parecem ter conseguido esclarecer completamente a questão. No resumo que fez (*Journal of Symbolic Logic*, 1959, p. 180) de um ensaio de J. Hintikka sobre necessidade, universalidade e tempo em Aristóteles (*Ajatus*, 1957, p. 65-90), E. J. Lemmon conclui, após ter examinado as sugestões do autor, que "ele fracassou, como todos aqueles que o precederam nesse domínio, ao abrir o caminho para um tratamento sistemático da lógica modal de Aristóteles". O livro recente de Storrs McCall, *Aristotle's Modal Syllogisms* (Amsterdam, 1963), cuja sobrecapa denuncia a teoria aristotélica dos silogismos modais como "um dos escândalos da filosofia", não chega, ele também, senão a um sucesso parcial, não tendo conseguido alcançar uma apresentação satisfatória dos modos da possibilidade.

Se as lógicas modais contemporâneas não padecem de incertezas semelhantes, que evitam o emprego da escritura simbólica e da formalização, elas não têm nada, comparadas às teorias correspondentes da lógica assertória, referente a uma complicação e a uma dificuldade formalmente muito superiores. Mas com muita frequência, ao longo da história dessas teorias da modalidade, sobre essas dificuldades muito reais inscritas na natureza mesma do tema, virão se enxertar – no leitor, como também mais de uma vez, pode-se presumi-lo, no autor – dificuldades extrínsecas, favorecidas sem dúvida pelas insuficiências e pelas flutuações do vocabulário usual, porém agravadas pela ausência de uma boa conceituação, de uma visão de conjunto corretamente estruturada, apta a retificar, no pensamento, essas inadequações da linguagem. Não se poderia esperar que um esquema estrutural, como aquele que nos oferece o hexágono lógico, fosse aqui de algum auxílio, obrigando o espírito a situar cada um dos conceitos modais no lugar exato que determinam suas relações com os outros conceitos da mesma família, levando-o assim a reconhecer e interpretar corretamente os sistemas lacunares, sem mais sofrer de suas frequentes irregularidades e dissimetrias?

Em Aristóteles, constata-se, em primeiro lugar, como salientaram quase todos os seus intérpretes, que o possível, δυνατὸν, e o contingente, ἐνδέχομενον, são quase indiscerníveis e, depois, que há um bocado de embaraço e de flutuação na maneira como ele concebe esse contingente-possível. Na *Hermeneia* (Da Interpretação)[3], ele começa sua exposição sobre os modais apresentando três pares de opostos: possível e não-possível, contingente e não-contingente e, por fim, impossível e necessário. Os dois primeiros pares duplicam-se inutilmente, uma vez que nada na sequência permite distingui-los. Ademais, o não-possível deve ser aí bizarramente entendido de outro modo, não como o impossível, se não quisermos identificar o possível e o necessário, que são apresentados como seus opostos. Enfim, o que é mais

3 Capítulo 12.

grave, o terceiro par não é homogêneo aos dois primeiros que são, em verdade, por sua vez, opostos contraditórios, ao passo que, como o próprio Aristóteles explica mais adiante, a verdadeira negação de *necessário* não é *necessário... não... é* (o que não é a mesma coisa que *impossível*), mas *não necessário*. Em seguida[4], ao estabelecer as consecuções dos modais sobre tais bases cambaleantes, ele constrói um primeiro quadro em que, sendo o possível e o contingente sempre tratados como mutuamente consecutivos, isto é, equipolentes, as consecuções que ele indica a partir deles mostram manifestamente que ele entende esses termos ora (grupos I e II) no sentido bilateral – que designaremos como um possível-contingente-Y – ora (grupos III e IV) no sentido de um puro possível – um possível-I[5]. Mas é claro que, no primeiro caso, ele não poderá estabelecer corretamente os negativos, pois não dispõem de um posto U ou, dito de outro modo, ele só utiliza termos simples e não recorre a compostos como seria a disjunção *necessária ou impossível*. Não obstante, para tornar aceitável essa primeira metade do quadro, ele deve proporcionar, quando chega à noção do necessário, uma torção nos princípios que acaba precisamente de colocar sobre a maneira de escrever a negação de um modal. Depois, mal satisfeito, ele se desdiz[6] e apresenta então os elementos de um segundo quadro que é, dessa vez, correto e homogêneo, e no qual o contingente-possível é sistematicamente entendido no sentido de um contingente-I, quer dizer, de um puro possível, implicado pelo necessário. Cumpre-lhe agora argumentar a fim de justificar essa implicação que pode parecer paradoxal. Os escolásticos conservaram esse último quadro que, durante muito tempo, serviu de base ao ensino das modalidades. E é ele que, resume, apenas com

4 Capítulo 13.
5 Com efeito, nos grupos I e II, o não-necessário (contingente-O) é dado como consecutivo do possível, o que só pode ser entendido como um possível-contingente-Y, não de um possível-I. E nos grupos II e IV, o não-possível, cuja necessidade de negação é dada como consecutiva, só pode ser entendido como a negação de um possível-I, isto é, como o impossível, e não como a de um possível--contingente-Y, isto é, como a disjunção do necessário e do impossível, pois em uma disjunção um de seus termos não vem depois do outro.
6 A menos que, como supõe Pacius, a primeira apresentação se limite a expor alguma doutrina de outrem; mas o próprio texto não o diz de modo algum, e a maneira como Aristóteles introduz a correção, sob a forma de uma objeção que se poderia fazer-lhe, sugere bem mais o contrário.

 uma mudança na ordem, as quatro palavras mnemotécnicas *Purpurea Iliace Amabimus Edentuli*, em que a duplicação obstinada da primeira vogal manifesta a assimilação do contingente e do possível, entendidos, um e outro, como a negação contraditória do impossível.

Sob essa forma tornada tradicional, o sistema é coerente, mas bem pouco satisfatório. Sem fazer disso, de maneira alguma, agravo a Aristóteles, que desempenha aqui o papel de um pioneiro, e cujas incertezas é emocionante acompanhar, é possível espantar-se com o fato de que tivessem a partir daí se contentado com isso durante tanto tempo. Para começar, se não queremos cometer violência contra os usos da língua, só é permitido assimilar o contingente ao possível no sentido bilateral Y desses dois termos, em que eles negam conjuntamente o necessário e o impossível. Se é bem verdade que a palavra contingente é amiúde entendida na acepção de uma possibilidade bilateral – *aquilo que pode ser, mas pode também não ser* – não é menos verdade que ela carrega consigo a ideia de uma oposição ao necessário, a tal ponto que muitas vezes, na especulação filosófica, o par necessário-contingente é tratado como um par de contraditórios formando alternativa. É, pois, contraindicado tomá-lo em um sentido em que ele seria implicado no necessário e se oporia contraditoriamente ao impossível: inabilidade, aliás, totalmente gratuita, visto que a gente dispõe precisamente para isso de um outro termo, perfeitamente idôneo, aquele mesmo termo *possível*. É pouco razoável também – quando seria tão fácil retificar – apresentar sob a forma de uma estrutura quadrática um sistema que deveria ter quatro postos, porquanto o necessário demanda, por sua vez, também, seu oposto contraditório, mas lá onde esse último posto é deixado desocupado, enquanto um outro é supérfluo. As quatro modalidades ditas aristotélicas são, realmente, em número de três, das quais uma leva um duplo nome. Se não é formalmente incorreto, um sistema AEII tem, não obstante, algo de monstruoso, sem que nenhuma conveniência semântica venha justificar semelhante anomalia.

Esses dois defeitos desapareceriam com uma estrutura ternária AEY. Aristóteles se aproximou dela nas *Analíticas*, em que o possível-contingente é sistematicamente entendido, dessa vez, no sentido bilateral Y. Subsistem ainda, na particularidade, muitas incertezas. Assim, logo depois de ter definido o contingente como "aquilo que não é necessário e que pode ser suposto existir sem que haja nisso a impossibilidade", quer dizer, como um contingente-Y, nem necessário nem impossível, ele apresenta como idênticas ou mutuamente consecutivas as expressões *não-contingente, impossível, necessário... não...* bem como seus opostos *contingente, não-impossível, não-necessário... não...*: o que resulta em opor contraditoriamente o contingente e o impossível, ou seja, a voltar para um contingente-I. E ele conclui que "o contingente será, pois, o não-necessário, e o não-necessário contingente", sugerindo assim, agora, a ideia de um contingente-O[7]. Mesmo se passarmos por cima desses detalhes, por mais embaraçosos que possam ser, resta que o novo sistema continua desequilibrado. Com efeito, Aristóteles reconhece, ao lado da asserção simples, duas formas fundamentais de asserções modais: segundo a necessidade e segundo a contingência[8]. Os dois conceitos modais de base situam-se assim nos postos A e Y da tríade ou, se quisermos, da héxade, criando desde o início uma dissimetria no sistema. Ao considerar livre a escolha dos termos primeiros de uma teoria, certamente a lógica não tem nada a retomar no caso, desde que a gente se atenha ao sentido fixado decisoriamente. Mas outros valores, exceto os puramente lógicos, devem intervir na apreciação de uma base axiomática. Aqui, a dissimetria dos fundamentos manifesta-se imediatamente em irregularidades formais, mui corretamente destaca-

7 *Primeiros Analíticos*, livro I, cap. 13, início. Nós tomamos de empréstimo a tradução de J. Tricot. Acrescentemos, para fechar a questão, que um pouco acima Aristóteles havia paradoxalmente considerado um contingente-A (=necessário) e um contingente-E (=impossível): idem, cap. 3, 25 a 37-38 e 25 b 4: πολλαχῶς λέγεται τὸ ἐνδέχεσθαι: καὶ γὰρ τὸ ἀναγκαῖον, καὶ τὸ ἀναγκαῖον, καὶ τὸ δυνατὸν ἐνδέχεσθαι λέγομεν... ’Ενδέχεσθαι λέγεται ἢ τῷ ἐξ ἀνάγκης μὴ ὑπάρχειν, ἢ τῷ μὴ ἐξ ἀνάγκης ὑπάρχειν.

8 Idem, cap. 8, início.

 das por Aristóteles, mas cuja razão não aparece de modo claro. Por que, pergunta-se, a aplicação da negação deve ser feita de maneira completamente diferente nas duas noções fundamentais? A negação posposta fornece, a partir do necessário, a proposição contrária (*necessário... não...= impossível*), porém a partir do contingente, ela fornece uma proposição equipolente (*contingente... não...= contingente*). A negação preposta, que determina a contraditória, resulta, a partir da necessária, em uma proposição simples (*não-necessária*), mas, a partir da contingente ela nos coloca em presença de uma proposição disjuntiva (*não-contingente ou não-contingente... não...*). A que se deve tais bizarrias? A gente reconhece a verdade, compreende mal sua razão[9]. Tudo se esclarece desde que se represente a situação exata do "contingente" aristotélico e suas relações com os outros membros da família. Conjunção de um possível-I e de um contingente-O, um contingente-Y comporta simultaneamente a afirmação de que a coisa pode ser e a afirmação de que ela não pode ser. Oposto contraditório de U, que é a disjunção do necessário e do impossível, tem como negação essa mesma disjunção. Essa chave, que facilitaria a inteligência do sistema, não só não é fornecida mas contribui para dissimulá-la, apresentando, em primeiro lugar como binário um sistema AY que só se entende como fragmento de uma tríade AEY, para em seguida combinar constantemente esse sistema criptotriádico com a tétrade das proposições quantificadas: por que manter, para as particulares, a distinção entre as afirmativas e as negativas e aboli-la para as problemáticas, quando a gente reúne problemáticas e particulares em uma mesma teoria que procura compô-las de diversas maneiras? Por que, em outros termos, e mais geralmente, adotar no interior das proposições dois recortes conceituais diferentes, um para o modo e o outro para o *dictum*?

Poupar-nos-íamos seguramente de muito esforço na determinação das negativas, das equipolentes, das consecutivas, usando

9 Essas duas dificuldades são bem conhecidas dos intérpretes de Aristóteles. Ver, por exemplo, Bochenski, *La Logique de Théophraste*, Friburg, 1947, p. 71 e 99.

o hexágono lógico. Vê-se aí imediatamente que cada termo encontra sua negação naquele que lhe é diametralmente oposto no diagrama; que ele é, pois, equipolente, primeiro à negação desse oposto diametral, depois, se ele próprio for determinado, à conjunção de seus dois vizinhos e à não-disjunção ou rejeição de seus dois subvizinhos (por exemplo, $A = \sim O = U.I = \sim .E \vee Y = E \wedge Y$) ou, se for indeterminado, é equipolente à disjunção de seus dois vizinhos e à não-conjunção ou incompatibilidade de seus dois subvizinhos (por exemplo $I = \sim E = A \vee Y = \sim .U.O = U|O$); enfim que as consecutivas são aí claramente indicadas pelas setas da subalternação, que as equipolências, em seguida, permitem diversificar sua forma de múltiplas maneiras (podendo a subalternação de I para A, por exemplo, ser escrita $A \supset \sim E$, $A \supset : \sim U.O$, $U.I. \supset \sim E$, $\sim O. \supset .A \vee Y$ etc.). Basta então substituir as constantes que exprimem a família de conceitos considerada pelas variáveis que designam os seis postos – no presente caso, a dos funtores* modais – para obter, a partir de uma proposição que contenha um dos termos dessa família, aquelas que a negam, ou que lhe são equipolentes, ou que são por ela implicadas.

§17. Não se deveria crer que as dificuldades extrínsecas suscitadas pelo manejo dos conceitos modais estejam completamente superadas entre os lógicos contemporâneos. Embora conservem amiúde os quatro termos tradicionais, a ambiguidade dos termos *possível* e *contingente*, dos quais um e outro se prestam para receber o sentido bilateral, as impele às vezes a deslocar um dos termos da tétrade, da qual um dos postos normais se torna então vacante, enquanto é preciso instituir um novo posto, que desequilibra o sistema, e cujas relações com os postos antigos deverão ser objeto de pesquisas mais ou menos laboriosas. Criam-se, assim, dificuldades bem gratuitas. Ditada sem dúvida pelos empregos linguísticos, mas, de modo algum imposta por

* Funtor é um mapeamento, isto é, uma aplicação, um homomorfismo, que preserva estruturas entre, por exemplo, duas categorias, ou seja, duas classes de objetos, dois conjuntos (N. da T.).

eles, que são tão flutuantes a ponto de deixar uma grande liberdade, essa deformidade não se justifica nem por conveniências racionais, nem por exigências de ordem formal. Há duas construções que podemos considerar como racional e formalmente satisfatórias. Como a língua usual autoriza igualmente a entender o *possível* e o *contingente*, seja em um sentido bilateral em que eles acabam se confundindo, seja em um sentido unilateral em que eles se opõem como subcontrários, chega-se, normalmente, conforme se adote a seu respeito um ou outro partido, seja a uma tríade regular AEY, seja a uma tétrade regular AEIO. Porém, caso façamos oscilar somente um dos dois termos no sentido bilateral, mantendo o segundo no sentido unilateral, deslocamos a tétrade, em que se encontram colocados em presença um possível bilateral e um contingente unilateral ou, no outro caso, um contingente bilateral e um possível unilateral. Um exemplo do primeiro sistema nos será fornecido por A. Reymond, um exemplo do segundo, por G. H. von Wright. Em um e em outro, ver-se-á como a bizarria inicial determina, na sequência do sistema, dissimetrias inexplicadas, rupturas de analogia e pode mesmo conduzir a paradoxos pouco sustentáveis.

Depois de ter lembrado mui classicamente como a aplicação da negação, seja ao *dictum*, seja ao modo, seja aos dois ao mesmo tempo, permite obter a tétrade das modalidades a partir de uma delas, Arnold Reymond censura Aristóteles por não ter sabido distinguir nitidamente entre o possível e o contingente e propõe, para chegar a isso, relacioná-los respectivamente ao virtual e ao atual[10]. O possível envolve sempre a ideia de uma virtualidade, de um ser em potência; quando ele passa ao ato, ele cessa, por isso mesmo, de ser um possível para tornar-se um fato contingente, sendo o contingente um possível realizado, isto é, alguma coisa que é, mas poderia não ser. Com essa concepção, seguramente defensável do ponto de vista de uma semântica

10 A. Reymond, Remarques sur les modalités de l'être: Nécessaire, contingent, liberté, *Revue philosophique*, 1984, p. 36-47. Cf., do mesmo autor, Quelques considérations sur la nature de la logique et de son object, *Bulletin de la société française de philosophie*, avr.-juin, 1951.

descritiva[11], o possível é incompatível com o real e, com maior razão ainda, com o necessário. Não é pois um "puro possível" implicado pelo necessário, mas um possível bilateral. Com efeito, é assim que o autor o define: "o que pode ser ou não ser". No entanto, essa escorregada sobre o posto Y é mais perigosa no caso do possível do que era no caso simétrico do contingente, ao menos quando o pensamento segue as sugestões da linguagem comum em vez de se defender dela pelo uso de um simbolismo. Pois é bem difícil não ceder ao convite que nos lança o vocabulário para conceber o impossível como a negação do possível. De fato, A. Reymond continua a apresentar como dois pares de contraditórios o contingente e o necessário de um lado, e o possível e o impossível de outro. Daí essa definição paradoxal do impossível à qual o autor se vê arrastado, sem parecer aliás espantar-se muito com isso, ao contrário: "Aquilo que não pode: ser ou não ser". Ora, *aquilo que não pode não pode ser*, é assim que sempre se definiu, e que aqui ainda se continua expressamente a definir, o necessário. Resulta daí que o necessário é um dos dois casos do impossível, a saber a impossibilidade negativa (*impossível... não...*) em face da afirmativa, e A. Reymond extrai, ele próprio sem pestanejar, essa consequência quando escreve: "da alternativa colocada pelo impossível, o necessário afasta o primeiro membro (aquilo que não pode ser) para identificar-se com o segundo (aquilo que não pode não ser)"[12]. Para nós, essa desconcertante subsunção do necessário sob o impossível explica-se facilmente: o deslocamento do possível de I para Y acarretou o deslocamento correlativo de seu contraditório de E para U. Contudo, enquanto o uso da língua autorizava a primeira transferência, ele se opõe absolutamente à segunda. Há muito mais do que uma simples impropriedade a esconder o necessário com o termo que serve precisamente para designar o conceito que se costuma fazer passar por seu contrário, e para dizer que aquilo que é necessário é, por isso mesmo, um caso

11 Ainda que ela proíba falar da contingência dos futuros.
12 A. Reymond, Remarques sur les modalités..., op. cit., p. 40.

de impossibilidade. Eis, portanto, uma maneira de organizar a família dos conceitos modais que não se justifica nem por conveniências linguísticas, visto que, apoiando-se nelas desde o início, ela não tarda em afrontá-las violentamente; e muito menos por conveniências racionais ou formais, porquanto, ao fazer girar o eixo EI da tétrade normal, ela rompe o seu equilíbrio. Um tal sistema AUYO, de forma aparentemente quadrática, deve antes ser considerado uma tétrade irregular; o sistema só se torna inteligível se é aplicado na estrutura hexádica que o contém a título de realização parcial.

§18. Se ela não acarreta consequências tão paradoxais, a tétrade de Von Wright claudica igualmente, mas da outra perna. Seu *Ensaio de Lógica Modal*[13] repousa sobre uma dupla analogia formal, que serve como fio condutor do princípio ao fim da obra. Para começar, analogia entre o sistema dos quatro conceitos modais tradicionais, qualificados aqui de "aléticos"* e sistemas ditos "modais" no sentido amplo, tais como o dos conceitos "epistêmicos" (verificado, não-decidido, desmentido) e os dos conceitos "deônticos" (obrigatório, permitido, indiferente, interdito). Depois, analogia entre cada um desses sistemas e os dos conceitos quantificadores. Ora, constata-se bem depressa que as correspondências formais entre esses diversos sistemas, tais como o autor as apresenta, se encontram aqui ou ali defeituosas, de uma maneira aliás não dissimulada. Essas discordâncias, pode-se realmente pressupor que ele as julgou essenciais e irremediáveis, uma vez que não tentou eliminá-las quando elas contrariavam seu desígnio e restringiram o alcance de sua tese.

A analogia entre o sistema de quantificadores e o dos modos aléticos peca pelo fato de que este último está estruturado em AEIY. Nos dois casos, o termo escolhido como primeiro é o que incide em I, quer dizer, lá o operador existencial, aqui o modo do possível. E a analo-

13 *An Essay in Modal Logic*, Amsterdam, 1951. A maioria dos estudos ulteriores sobre as modalidades se referiram a esse ensaio como uma obra básica.

* Do grego *alitea*, o que diz das modalidades da verdade: necessário, contingente, verdadeiro, falso (N. da T.).

gia é mantida pela definição dos termos que caem em A e em E. Mas ela cessa com o quarto termo[14]. O termo $\exists x \sim$, que anuncia o existencial negativo, não tem homólogo no sistema alético, em que a expressão $M\sim$ não aparece em estado de isolamento: encontramo-la somente incorporada à definição do necessário, $\sim M\sim$, e à do contingente, $M \& M\sim$. Primeira bizarria: eis um elemento que aparece duas vezes em composição, sem figurar no quadro elementar. Segunda bizarria: os dois conceitos do possível e do contingente não se equilibram: o do contingente, como o destaca o autor, é aqui mais estreito que o do possível, pois toda proposição contingente é possível, mas sem reciprocidade. Duas estranhezas que desapareceriam se fosse mantida até o fim a analogia com o sistema das quatro proposições quantificadas, isto é, se o contingente fosse situado no posto O. Por que essa distorção do sistema? Embora não se avente expressamente nenhuma razão disso, parece que ela é ditada pelo desejo de permanecer em contato com a linguagem usual. Com efeito, diz-se que o conceito de contingência, tal como foi definido, é um conceito "natural" conforme ao emprego extralógico, por oposição a conceitos "artificiais" ou "técnicos" como é, por exemplo, o de implicação estrita. A justificativa, se essa é uma, seria bem pouco convincente. Se é verdade que o contingente se entende correntemente no sentido bilateral, não é menos verdade que ele é entendido também amiúde no sentido unilateral do não-necessário. Na especulação filosófica, as duas palavras são frequentemente opostas para formar alternativa, como quando os metafísicos se perguntam se o mundo é uma criação contingente ou uma emanação necessária da divindade, ou quando a Academia de Berlim põe em concurso a questão de saber se os princípios da mecânica são verdades necessárias ou verdades contingentes. Cabe lembrar que é também baseando-se no hábito que Reymond, não menos legitimamente, tomava o partido oposto de atribuir à palavra contingente essa acepção unila-

14 Idem, p. 8-9. Conforme um uso frequente entre os lógicos, o possível é aqui simbolizado pela letra *M* (möglich).

teral. O mínimo a ser dito é que um hábito tão incerto deixava a escolha inteiramente livre. E depois, o que importa! Os lógicos modernos não censuram suficientemente à lógica antiga por haver-se sujeitado em demasia aos acidentes da linguagem? Compreendia-se o escrúpulo em um lógico heterodoxo, preocupado antes de tudo em manter suas teorias em contato com o pensamento efetivo. Mas, ao contrário, a logística professa que a exigência da perfeição formal prima sobre a da aderência às concepções e às operações espontâneas. Ou então cumpriria suspeitar que os lógicos hajam se libertado tão pouco da tutela de Aristóteles que esta os obriga a estropiar seu sistema para não infringir o *magister dixit* (o mestre disse)?

Para terminar com a questão dos quatro modos tradicionais, concluamos que há, na ausência de razão contrária, somente três maneiras satisfatórias de organizá-los[15]. Ou, em uma tétrade regular, em correspondência exata com o quadrado lógico tradicional. A essa primeira opção não se poderia apresentar objeção séria de ordem linguística: é verdade que se restringe assim um pouco o sentido usual das palavras *possível* e *contingente*, visto que se afasta, tanto para uma como para outra, o sentido bilateral, mas não é precisamente isso que faz a lógica tradicional, quando ela anula o sentido restritivo da palavra *algum*, para reter apenas o seu sentido existencial? Não vemos por que seria preciso proibir-se em um caso o que é permitido no outro. Ou então, uma segunda possibilidade, contraímos o sistema em uma tríade de contrários, mutuamente exclusivos e coletivamente exaustivos, por coalescência do possível e do contingente, cujo sentido unilateral é agora abandonado. Ou enfim, uma terceira opção, construímos um sistema mais amplo, que será a héxade completa. Reencontrar-se-á aí as duas precedentes, a título de determinações especiais ou, caso se prefira ir em sentido inverso, a héxade poderia ser construída a partir

15 Ao lado dos sistemas pseudotetrádicos de Aristóteles, e dos medievais, e dos sistemas tetrádicos claudicantes AUYO (Reymond) e AEYI (von Wright), mencionemos ainda o sistema AEYO que encontramos em N. Hartmann (*Möglichkeit und Wirklichteit*, Berlin, 1938), cuja falta de simetria O. Becker (*Untersuchungen über den Modalkalkül*, Meinsenhein am Glan, 1952, p. 57) critica justamente.

de um ou de outro dentre elas: quer se explicite, para cada termo da tríade, sua negação contraditória, quer se acrescente à tétrade um terceiro par de contraditórios em que, ao posto do contingente-possível bilateral, digamos o *eventual*, opor-se-ia um termo que exprima a ideia de um *predeterminado*, necessário ou impossível.

§19. Após esses modos "aléticos", Von Wright passa aos que concernem não mais à verdade ela mesma, porém ao conhecimento que podemos dela tirar, e que denomina, por essa razão, "epistêmicos". Segundo qual estrutura ele os dispõem? Dessa vez, irá corresponder exatamente à do quadrado dos quantificadores? Ou então, ordenar-se-ão em uma tétrade irregular, à maneira dos modos aléticos? Nem uma coisa, nem outra: trata-se de uma terceira estrutura que nos é proposta sem que seja sinalizada, nem expressamente justificada, essa nova ruptura. Toma-se como modo primitivo o conceito de *conhecido como verdade* ou *verificado* que se pode simbolizar com a letra V[16]. A partir daí, a gente define dois outros modos: aquele cuja negação é verificada, *V∼*, isto é, o *desmentido* ou o *excluído* (*falsificado*), e aquilo do qual nem a afirmação nem a negação é verificada, *∼V & ∼V∼*, quer dizer *indeciso* no sentido de *não-decidido* (*undecided*). Vê-se que esse sistema difere do sistema alético em dois pontos: 1. é um sistema ternário e não quarternário; 2. seu primeiro termo incide em A e não em I. A razão da segunda mudança é aliás clara: esse sistema ternário não é outro, com efeito, senão nossa tríade de contrários AEY, que não comporta o posto I. Encontramo-nos assim diante de uma situação bastante paradoxal: em relação ao sistema precedente AEIY, o novo parece mutilado, deficiente, quando ele é, na realidade, melhor conformado, mais normal. Aliás, não compreendemos bem por que, uma vez que se reconhece agora a validade de tal estrutura, não a adotamos para o sistema alético, em lugar de instituir para este último uma estrutura instável, hesitante entre as duas

16 Supra, p. 79-80.

 estruturas fortes AEIO e AEY. Ainda menos porque o autor não deixa de reconhecer que contingência (bilateral), necessidade e impossibilidade formam um conjunto mutuamente exclusivo e conjuntamente exaustivo[17]; o que convidava naturalmente a organizá-los em conjunto, em um sistema perfeito, autossuficiente, e que só pode ser desfigurado pela adjunção dissimétrica de um posto supranumerário.

Mas é antes a questão inversa que é preciso colocar agora. Se julgaram que era bom adotar, por uma razão ou outra, para os modos aléticos uma estrutura irregular, em que seja rompido o isomorfismo com o quadrado lógico, por que não conservá-la para os modos epistêmicos? A resposta deve ser ainda procurada, parece, no desejo de manter a estrutura lógica em contato permanente com os empregos linguísticos. Com efeito, o autor declara que não existe, no sistema epistêmico, palavra que corresponda exatamente ao *possível* alético, isto é, se nos permitem traduzir à nossa maneira, palavra que se possa consignar ao conceito epistêmico que incidiria em I[18]. Sem repetir a esse propósito que tal razão não teria nada de coercitiva para um lógico formalista, observemos apenas que o fato invocado não é exato. A linguagem usual – e em inglês, assim como em francês – permite perfeitamente dissociar os dois elementos que associam o *não-decidido*: de um lado, o não-verificado que é o *contestável*; de outro, o não-desmentido, que é o *plausível*. É verdadeiro somente que o agrupamento dessas palavras em uma família

17 G. H. von Wright, op. cit., p. 59 e 60.

18 Idem, p. 31 e 32. O autor acrescenta uma segunda observação, igualmente de ordem linguística. Ele nota, mui justamente, que a palavra *possível*, que pertence propriamente ao sistema alético, é muitas vezes tomada no sentido epistêmico, e que podem resultar daí paralogismos. No entanto, encontra a fonte desses paralogismos no fato de que o princípio *ab esse ad posse* (do fato para a possibilidade), que vale para a possibilidade alética, cessa de valer para a possibilidade epistêmica. E é verdadeira com o modo através do qual ele organiza os dois sistemas. Mas o que faz a diferença entre os dois casos não é, como sua exposição corre o risco de sugerir, a passagem do sentido alético ao sentido epistêmico do *possível*, é o fato que o primeiro é um possível-I, subalterno do necessário e, portanto, implicado por ele, enquanto o segundo é um possível-Y, contrário do estabelecido e, portanto, incompatível com ele. A diferença fundamental, que é de ordem formal, se vê aqui ofuscada por uma diferença assessória e derivada, devido ao fato totalmente acidental de o autor ter integrado seu possível alético e seu possível epistêmico em duas estruturas não isomorfas: aqui, é a discordância dessas estruturas que está em causa e não a passagem de uma interpretação concreta para uma outra. Vê-se, com esse exemplo, as confusões que irregularidades estruturais podem suscitar, e a vantagem que haveria em referir-se sempre a uma *forma normal*.

epistêmica não é tradicional como é o caso para a tétrade alética. Mas nenhuma dificuldade de vocabulário opõe-se efetivamente àquilo que compõe aqui uma tétrade regular. Será preciso então apenas restituir o termo cuja negação é agora o *indeciso* (*não--decidido*), para obter a héxade completa:

Decidido
(*entscheidet*)

Estabelecido
(verificado)

Excluído
(desmentido)

Plausível

Contestável

Indeciso

A ocasião será boa para mostrar, com esse exemplo, o perigo que o emprego de palavras da linguagem usual apresenta quando não se dispõe de uma estrutura nítida na qual prendê-las. Vimos como as palavras *algum*, *possível*, *contingente* flutuavam entre dois postos, o que já bastava para justificar a consideração expressa de um posto Y. Não é menos oportuno destacar o posto U, em vista dos deslizamentos semânticos entre esse posto e o posto A. Na héxade acima, em princípio, as palavras que seria necessário empregar para a díade UY teriam sido *certo* (*certain*) e *duvidoso* (*douteux*). Com efeito, a certeza designa propriamente o estado de espírito que está fixado em seu conhecimento, *certus*, seja para afirmar, seja para negar e, por extensão, o estado desse conhecimento mesmo. Se, entretanto, tivéssemos preferido aqui em vez de uma palavra numa linguagem apropriada, outra que em francês soasse um pouco bárbara, com o mesmo significado, é porque a palavra *certo*, empregada sem outra especificação, remeteria quase sempre à certeza, na afirmação. Quase nunca se dirá simplesmente *j'en suis certain* (estou certo disso), para exprimir uma certeza negativa. Ficaríamos chocados ao ouvir qualificar como certo o que foi desmentido pela experiência ou excluído por uma demonstração. Em princípio, da disjunção que a palavra comporta só se preserva, comumente, uma das componentes. Devido a esse fato, a palavra *duvidoso*, que lhe é ligada como sua contraditória, sofreu um deslocamento simétrico, embora talvez um pouco menos pronunciado, e está frequentemente mais próxima do falso do que do verdadeiro. O cético é facilmente tomado por um negador. E amiúde o que se opõe ao "duvidoso" é o "provável": os dois termos que possuem, teoricamente, o mesmo sentido médio entre o estabelecido e o excluído, são entendidos um como subexcluído e o outro como subestabelecido, situados simetricamente de um lado e de outro do ponto mediano de equilíbrio. Assim, vemos às vezes figurar o *duvidoso* em nosso posto O, e o *certo*, seu oposto diametral, em nosso posto A[19]. Portanto, a linguagem nos expõe ao risco de confundir o eixo UY com o eixo AO, que unem pares de conceitos que não são equipolentes.

Razões análogas, ainda que atuem em sentido inverso, nos levaram a substituir, no posto A, a palavra *verificado*[20] por *estabelecido*. Pois o verbo *verificar*, no uso corrente, passa amiúde como o substantivo *verificação*, do sentido próprio A, afirmativo, ao sentido neutro e indeterminado U, o de *examinar*, de *submeter ao controle*, isto é, decidir entre o verdadeiro e o falso. Chega-se assim a fórmulas como: *eu verifiquei a hipótese, ela é falsa*. Sabe-se que o verbo *revelar-se* experimenta muitas vezes um deslocamento também inoportuno. Naturalmente, a negação contraditória segue a mesma sorte e toma, ela também, o sentido neutro: o *não-verificado* torna-se o indeciso, o duvidoso. Como o não-verificado em geral, o *não-demonstrado*, que é um seu caso especial, é do mesmo modo, amiúde, entendido como se fosse conjugado com seu subcontrário, o *não-refutado* (o qual conhece, aliás, um destino semelhante). Se um dia deparássemos com um sistema de quatro números que pusesse em xeque o teorema de Fermat,

19 Por exemplo, Marcel Boll, dá a tétrade certo-absurdo-plausível-litigioso (*Manuel de logique scientifique*, 1948, Paris: Durod, cap. XVI), e Jean de la Harpe a tétrade estabelecido-excluído-possível-duvidoso (*La Logique de l'assertion pure*, 1950, p. 29 a 31).

20 Além da impossibilidade, em francês, de lhe opor *falsifié* (falsificado).

cessaríamos certamente de incluí-lo no número das proposições não-demonstradas, ao passo que, ao pé da letra, dever-se-ia mantê-lo aí *a fortiori*, pois saberíamos agora que ele é mesmo não-demonstrável*. A díade AO (ou sua simétrica EI, no caso do não-refutado) presta-se assim, caso a gente não desconfie suficientemente das ambiguidades da linguagem usual, a ser confundida com a díade UY.

* Teorema de Fermat (Pierre Fermat, 1601-1655): não há nenhum conjunto de números inteiros positivos x, y, z com n maior que 2 que satisfaça a equação $x^n + y^n = 2^n$. Este teorema foi demonstrado pelo inglês Andrew Wiles (1953-) em 1994 (N. da T.).

7. Imperativos, Valores, Modos Subjetivos

§20. Com os conceitos práticos, aqueles que não concernem mais ao conhecimento, porém à ação, voltamos a encontrar estruturas análogas, seja por tríades de contrários, seja por tétrades que se adaptam ao quadrado lógico, aparecendo as duas como simplificações do sistema completo com seis postos. Aliás, essa correspondência com as categorias da modalidade se estabelece por si mesma, visto que um dos conceitos práticos fundamentais é o de obrigação, que é uma forma de necessidade. Por isso Von Wright acrescenta, aos modos aléticos e epistêmicos, o grupo dos modos "deônticos", que se referem àquilo que se deve fazer. Seu quadro é exatamente isomorfo àquele estabelecido para os modos aléticos: ele parte de nosso posto I que aqui é ocupado pelo "permitido", depois, com a negação, define nossos postos A, E e Y, omitindo o posto O, criando assim uma tétrade irregular[1]:

$\sim P \sim$
(obrigatório)

$\sim P$
(proibido)

P
(permitido)

$P \& P \sim$
(indiferente)

1 *An Essay in Modal Logic*, p. 37. Cf. do mesmo autor, Deontic Logic, *Mind*, v. IX, n. 237, jan. 1951, p. 145.

Outros autores, inspirando-se mais ou menos em Von Wright, construíram igualmente sistemas dissimétricos, sem que houvesse uma razão bem clara para isso. Assim, Alan Ross Anderson esboça um sistema que comporta como noções essenciais as de obrigação, de permissão e de proibição[2]. Inicialmente, poder-se-ia crer que se trata de uma tríade de contrários, com um sentido neutro ou bilateral dado à palavra "permissão": o que constituiria um sistema perfeito, sem lacunas nem redundâncias. Mas não, pois o *permitido* é aí expressamente definido como o *não-proibido*. Trata-se, portanto, de um fragmento da tétrade irregular de Von Wright, amputada de seu posto Y – ou, se preferirmos, de um fragmento da tétrade regular, amputada de seu posto O: de toda maneira, de uma tríade irregular AEI.

Esses sistemas irregulares reclamariam observações análogas àquelas que apresentamos a respeito dos modos aléticos. E é bizarro não prover o posto O, quando o elemento que o definira (P ~) figura duas vezes em composição (ou uma vez em Anderson), e que seria, portanto, não apenas fácil, mas natural, evitar a deformidade. Aí também, sem dúvida, deve ter entrado no jogo a dificuldade de encontrar, no vocabulário usual, uma palavra que caísse exatamente em O. Repitamos então que tais acidentes de linguagem, se constituem talvez uma explicação, não são uma justificativa para uma lógica formal simbólica, que cria para si mesma sua própria língua. E acrescentemos que, aí tampouco, a dificuldade não é absolutamente insuperável. Se é verdade que a palavra *facultativo* tem, na origem, um sentido neutro – "que dá", diz o dicionário *Littré*, "ou que deixa a faculdade de fazer ou não fazer uma coisa" – é verdade também que há uma tendência de pender – simetricamente ao *permitido* que é propriamente o *não-proibido* – para o lado do *não-obrigatório*. Em tal impresso, que nos é dado para preencher, a menção do nosso nome é obrigatória, a de nossa idade é facultativa. O *Robert* traz, como antônimos da palavra: forçado, obrigatório; ao

2 *The Formal Analysis of Normative Systems*, New Haven, 1956. Cf. do mesmo autor, The Logic of Norms, *Logique et analyse*, Bruxelles, 1958, p. 84-91.

que o *Larousse* acrescenta: obrigado, exigido, necessário. Nesse sentido, derivado sem dúvida, mas não inusual, o facultativo é realmente um subalterno do proibido, visto que o proibido é, com mais forte razão, não-obrigatório, e um subcontrário do permitido, porquanto os dois, que não podem ser falsos em conjunto, podem ser e são, amiúde, conjugados na noção de *indiferente*, nem obrigatório, nem proibido.

Portanto, os dois sistemas normais também seriam os sistemas regulares: a tríade de contrários AEY, obrigatório-proibido--indiferente, ou ainda a tétrade do quadrado de Apuleio AEIO, obrigatório-proibido-permitido-facultativo. Se quisermos combinar os dois, regeneraremos a héxade completa, em que o novo posto U não será de modo algum uma criação artificial, pois corresponderá à noção daquilo que é obrigatório ou proibido, isto é, à própria noção do *imperativo* (afirmativo ou negativo), a qual se opõe contraditoriamente ao indiferente: o par de contraditórios UY é a oposição do setor regulamentado e do setor livre.

Se o sentido da palavra *facultativo* flutua um pouco entre os postos Y e O, o da palavra *permitido* não é muito mais fixo. Ele provoca um deslizamento semântico inteiramente análogo àquele que as palavras *algum* e *possível* conhecem, quer dizer, do posto I ao posto Y. O permitido é, com efeito, frequentemente entendido em um sentido neutro ou bilateral, onde ele acaba coincidindo com o indiferente: o que não é proibido, sem no entanto ser obrigatório. Eu julgaria totalmente natural dizer "é permitido fumar neste restaurante" quando tal permissão é aqui manifestamente entendida como conjugada a um não-obrigatório: eu tenho a faculdade de fumar ou de não fumar à minha escolha. Ao contrário, eu ficaria chocado de ouvir dizer que é permitido respeitar a vida do seu próximo; sem dúvida, a coisa é permitida, porque é obrigatória, mas eu teria a sensação de que se trata, em um caso semelhante, de um mal uso da palavra: a prova é que eu a entendo antes, habitualmente, em um sentido bilateral. De fato, é nesse sentido bilateral que a entende manifestamente Jespersen, quando apresenta como exemplo de tríade: *comando, proibição, permissão*. Assim, como acontecia no tocante ao possível e ao contingente, o permitido e o facultativo tendem a fundir-se em um sentido neutro: razão a mais para explicitar bem, ao menos no pensamento claro, o posto Y, e para distinguir nele expressamente os dois postos I e O. Não são apenas motivos estéticos de simetria que nos fazem julgar pouco satisfatórios sistemas defeituosos como os de Von Wright e de Anderson.

§21. É conhecida a estreita correspondência que liga os imperativos e os juízos de valor ou, em outros termos, a noção de dever e de bem. Os dois sistemas desenvolvem-se paralelamente como duas linguagens que podem ser traduzidas de uma para outra. Por isso, em conexão mais ou menos expressa com uma lógica dos imperativos, certos lógicos contemporâneos procuram também constituir uma lógica das normas[3], que se distingue essencialmente da outra pelo fato de que ela se apoia, como a lógica ordinária, sobre proposições, suscetíveis de verdade ou falsidade. Pode-se portanto esperar que, como acontece de fato, a família de conceitos aparentada aos conceitos do *bem* e do *bom* se deixe organizar, como a dos conceitos imperativos, segundo as estruturas que nos são agora familiares. Notar-se-á somente que a linguagem usual apresenta aqui mais lacunas e imprecisões. Infelizmente, encontram-se aí sistemas de vocábulos perfeitamente superponíveis aos nossos seis postos; e mesmo para sistemas parciais, as palavras adequadas terão amiúde um caráter mais amplo e mais geral, sem estar estritamente vinculadas a uma família determinada. Não vejamos aí um motivo para abster-se de organizar os conceitos interessados seguindo uma estrutura fechada; ao contrário!

Aos três sistemas de imperativos reconhecidos por Kant[4] (mandamentos da moralidade, regras da habilidade, conselhos da prudência) pode-se fazer corresponder em linguagem de valores, três

3 Encontrar-se-á uma exposição precisa e bem documentada de recentes trabalhos sobre a lógica das normas em G. Kalynowski, *Introduction à la logique juridique*, Paris: 1965, cap. III, p. 70-138.

4 *Fondement de la métaphysique des moeurs*, segunda seção.

sentidos da palavra *bom*: o que é bom absolutamente (valores morais: *este ato é bom, este homem é bom*), o que é bom para…, isto é, útil (valores técnicos: *essa ferramenta, esse procedimento, esse remédio é bom*), enfim o que é agradável (valores afetivos: *esse prato é bom, essa flor cheira bem*). Para todos esses valores, a estrutura mais usual é a tríade dos contrários. Muitas vezes, os outros postos, e notadamente os postos I e O, elementos do quadrado lógico, não têm a palavra precisa que lhes convém. Não quer dizer que faltem os conceitos correspondentes, mas apenas que eles não são suficientemente usuais para que se haja sentido a necessidade de se lhes consignar um nome.

O bem, o mal, e, para completar a tríade das possibilidades, o que cai fora do domínio moral, o que não é bom nem mau, todo o domínio das coisas "indiferentes": é a palavra que já nos foi preciso emprestar, a exemplo de Von Wright, a esse vocabulário dos valores para poder designar o posto homólogo dos imperativos. Quanto aos termos usuais que permitem substituir essa tríade de contrários por um quadrado lógico, procura-los-íamos em vão: os *preferíveis* dos estoicos, por exemplo, com seus simétricos, os *evitáveis*, só responderiam mui imperfeitamente às funções que devem assumir os termos em I e em O. De forma similar, a tríade ainda é o que reencontraríamos, ao partir do adjetivo *moral*, com as duas maneiras através das quais lhe aplicamos a negação: não uma negação forte e uma fraca, o que daria o contrário e o contraditório, portanto, um esboço do quadrado, mas ao acompanhar a negação forte que exprime o contrário E, uma negação privativa, que faz cair o conceito fora do campo recoberto pelos dois primeiros contrários: o que não é nem *moral*, nem *imoral*, porém *amoral*. É lamentável que o vocabulário corrente, e mesmo o filosófico, não permita nomear exatamente a tríade complementar, a dos subcontrários, e que não disponha, em particular, de nenhuma palavra adequada para o posto U. Então, com o risco de muitos equívocos ou, ao menos, de muitos embaraços, cumpre-nos usar o mesmo qualificativo *moral* para designar – ao mesmo tempo que o contrário positivo A do *não-moral = imoral*, quer dizer, o que é julgado moralmente bom, o contraditório U do *não-moral = amoral* –, o que admite uma qualificação moral, tanto desfavorável quanto favorável. A mesma palavra não só designa assim o gênero e a espécie, o que não é demasiado raro, porém, o que é bizarro, ela se vê designar, carregando o nome de um dos contrários por contraste, assim como o outro: um crime, ato imoral, é por si mesmo um ato moral no sentido U. É um dos exemplos das confusões frequentes entre U e A, que ilustra bem a necessidade de explicitar o primeiro conceito e de distingui-lo expressamente do segundo.

Os valores técnicos em geral, que conhecem também os dois contrários contrastados do bom e do mau, não possuem quase nenhuma palavra que convenha exatamente ao terceiro contrário, isto é, àquilo que não é nem bom nem mau. A palavra que, em princípio, seria exatamente apropriada para designar esse estado intermediário, esse meio da zona entre os dois extremos, é *medíocre*; infelizmente ela não se comportou bem, e pende nitidamente hoje para o lado mau. A bem dizer, a estrutura oposicional, seja ela triádica, tetrádica ou hexádica, convém mal ao pensamento técnico, que se acomoda melhor com a estrutura linear, por escala graduada, que encontraremos mais adiante, por ocasião das qualidades. Não se poderia dizer dos defeitos técnicos, como foi possível fazer com os defeitos morais, que eles são todos iguais: o *mais ou menos*, impõe-se aqui. Certas técnicas admitem, entretanto, ao lado ou no lugar desse vocabulário por graus crescentes ou decrescentes, um vocabulário mais específico, construído com base em uma oposição de conceitos. Para o valor de um remédio, poder-se-ia, por exemplo, com uma aproximação bastante boa, reconstituir a héxade completa. Um remédio, com efeito, é *ativo* ou *inativo*, (UY); ativo, ele é *benfazejo* (A) ou *nocivo* (E); inativo, ele é *inofensivo* (I) e *ineficaz* (O). Sem dúvida, os termos inativo e ineficaz podem ser tidos como sinônimos: o posto O, como acontece amiúde, é aqui o pior preenchido. Não obstante, o termo *ineficaz* pode-se justificar, pelo fato de que significa propriamente *desprovido de efeito*, e que o efeito que se espera de um remédio é seu efeito benéfico e não outro.

Em compensação, os valores afetivos são, por excelência, o terreno da oposição bipolar, aquele onde floresce o pensamento por pares de conceitos contrastados: o prazer e a dor, o agradável e o penoso. Talvez seja mesmo em virtude dessa bipolaridade afetiva que temos a tendência natural de jogar, de uma maneira geral, com a oposição dos contrários, que constitui uma forma de pensamento muito primitiva, e da qual conhecemos o papel que desempenha na filosofia grega. De um lado o valor positivo e, de outro, simetricamente, seu oposto negativo. Entre os dois, no posto teórico[5] de equilíbrio, há naturalmente uma neutralidade afetiva, para a qual é preciso ainda contentar-se com a palavra passaporte *indiferença*. Encontramos, pois, a forma triádica, mas deve-se reconhecer que aqui o termo em Y, que não têm um nome exatamente apropriado, é sobretudo invocado por seu papel de eixo de simetria, e que o pensamento procede essencialmente por pares de contrários contrastados. Quanto à negação desses dois contrários, suscetível de engendrar uma estrutura quadrática, quase não constitui uma questão, ao menos no estado separado. As palavras que, por sua formação linguística, deveriam normalmente designá-los, ou tomam o sentido do contrário extremo – *pleasant and unpleasant* – ou então apresentam a tendência de voltar para o neutro e cair em Y: assim, o *insípido* é propriamente a negação contraditória do *saboroso*, mas, enquanto o saboroso assumiu um valor positivo, o insípido não seguiu o movimento, e nós qualificamos assim o que não tem um sabor agradável, tampouco possui um desagradável, o que não é nem apetitoso nem repugnante e a cujo respeito dizemos: é comestível, não é bom, nem mau.

5 A questão da existência real de estados verdadeiramente neutros, muito em moda por volta de 1900, já era debatida na Antiguidade. Ver, por exemplo, Cícero, *De finibus*, II, 16.

§22. A propósito dos modos aristotélicos tradicionais, seguimos a distinção feita entre esses modos mesmos e os que dependem de nosso conhecimento: os modos "aléticos" se referem aos objetos de pensamento, os modos "epistêmicos", ao próprio pensamento. De modo similar, correspondem aos nossos modos deônticos e axiológicos conceitos que são como que sua face subjetiva: disposições da vontade em relação a imperativos, disposições do sentimento em relação a valores. A maneira como se organiza cada uma dessas duas famílias irá nos proporcionar uma boa ilustração de uma estrutura tetrádrica bastante regular que não é a do quadrado lógico tradicional, porém cuja forma seria, caso consideremos seu contorno, a de uma pipa, ou se olharmos de preferência sua armação interior, a de uma cruz latina. É uma héxade incompleta em que faltam não os postos U e Y, mas os postos I e O.

Querer admite uma dupla negação, forte ou fraca, conforme ela seja posposta ou preposta, permitindo assim a distinção do contrário *querer não* e do contraditório *não querer*. Sabe-se que, para designar o contrário, certos autores modernos retomaram dos escolásticos a palavra *nonlonté* (nontade) que não significa ausência de vontade, mas a vontade negativa ou, como a definiu Renouvier, "o poder de querer não". Mas, como acontece muitas vezes – assim como acabamos de ter um exemplo disso com o adjetivo *moral* – enquanto se julga necessário forjar uma palavra especial para o aspecto negativo do conceito, uma só e mesma palavra parece suficiente para designar ao mesmo tempo, e equivocadamente, o aspecto positivo ou afirmativo, e a possibilidade alternativa da afirmação ou da negação. A palavra *vontade* toma assim ora um sentido estreito e afirmativo, poder dizer sim, ora um sentido largo e alternativo, poder dizer sim ou não: os postos A e U são confundidos sob um mesmo vocábulo. Assim, a *abulia*, negação contraditória da vontade, não é oponível à mesma vontade à qual a nontade se opõe como seu contrário: o abúlico é alguém que além de não saber dizer sim, tampouco sabe dizer não, é desprovido de nontade assim como de vontade no sentido afirmativo. Em outros termos, o par de contraditórios voluntarioso-abúlico é um par UY, e não um par AO. A tétrade que se pode formar com essas três palavras – duas das quais são de uma linguagem técnica e a terceira, que pertence à linguagem corrente – é de emprego duplo, organiza-se portanto em um sistema AEUY. Para os atos da vontade, o vocabulário é mais rico e matizado, mas lhe falta sempre substantivos para os postos I e O:

Resolução
Decisão

Aceitação — Recusa

(eu não digo não) — (eu não digo sim)

Indecisão
Irresolução
Hesitação

Vemos que esses sistemas se dispõem em cruz latina, por falta dos subcontrários I e O, o eixo dos contrários por contraste AE cortando em ângulo reto o eixo dos contraditórios UY, em sua parte superior.

Notar-se-á que a distinção, conceitualmente necessária, entre *eu não quero* e *eu quero não* quase não é observada na linguagem corrente, em que a segunda forma é rara, com feitio forçado e afetado, e comumente substituída pela primeira: *eu não quero morrer ainda*. Como explicar esse ilogismo? Sem dúvida por uma preocupação mais ou menos consciente de polidez. Atenua-se a brutalidade de uma decisão que ameaça ferir a vontade ou o desejo de outrem, ao proferir não explicitamente o que se quer dizer, enunciando uma não-aceitação para exprimir uma recusa. O que confirmaria essa interpretação, de início, seria o fato de que tal uso é decrescente na medida em que se trate de verbos em que o choque é menos de se temer, como os que enunciam uma simples opinião, enquanto ele é ainda mais manifesto com aqueles que assinalam o imperativo, isto é, aquilo que há de objetivo e de coercitivo na vontade. Diz-se: *não se deve roubar, não se deve mentir*, ao passo que a outra construção seria antes insólita. Ao contrário, dir-se-á com igual naturalidade e com sentidos que diferem apenas por uma nuance: *não creio que ele venha, creio que ele não virá*. Além disso, precisamente para os verbos que assinalam o imperativo ou a vontade, encontramos empregos comparáveis que, por sua vez, são manifestamente de cortesia. O imperativo é transformado em uma interrogação (*o senhor quer* – ou mesmo, enfraquecendo-o ainda mais com o uso do condicional: *o senhor quereria fechar a porta*?); ou em uma permissão (*o senhor pode, o senhor poderia fechar a porta*), ou em uma suposição (*se o senhor fechasse a porta*...). A expressão da vontade é embotada pelo uso do condicional (*eu quereria*) ou de um verbo mais fraco (*eu desejo*), ou por uma combinação dos dois (*eu desejaria*); a vendedora aumentaria ainda mais o preço pelo uso de um tempo passado, que reenvia para o irreal, quando vos pede com o seu sorriso mais sedutor: *o senhor teria desejado*? Se é verdade, como já foi notado algumas vezes que compreender a linguagem é compreender o que ela quer dizer e não o que ela diz, entretanto, não seria nada mal, para captar assim o espírito sob a letra, ter à sua disposição uma sólida estrutura lógica que ajude a reerguer ou a discriminar aquilo que os empregos linguísticos convidariam a falsear ou a confundir.

Os sentimentos que nos afetam em presença dos valores organizam-se naturalmente por contrastes bipolares com, secundariamente, o par formado pelo termo neutro, negação simultânea de dois contrários contrastados, e por sua própria negação, que exprime a possibilidade alternativa deles. Portanto, chega-se ainda aqui a uma forma em cruz latina, em que os postos I e O da héxade são sacrificados. Consideremos, por exemplo, o amor e o ódio, esses dois sentimentos contrários; como eles próprios podem aplicar-se a muitos objetos, uma pessoa, um povo, um traço de caráter, um ofício; nós os tomaremos em primeiro lugar em sua forma ainda abstrata, e para afastar a associação costumeira das palavras que as designam com o instinto sexual, falaremos de preferência em grego e diremos: *-philia* e *-phobia*. Uma vez que nos concedemos assim alguma liberdade para forjar as palavras, não nos será difícil formar a héxade completa:

Pathia

Philia *Phobia*

Aphobia *Aphilia*

Apathia

Mas se retornarmos agora aos usos do francês* e aos sentimentos propriamente eróticos, constatamos que nos faltam as palavras que correspondem à *aphobia* e à *aphilia*, ao passo que, além do par dos contrários, *amor* e *ódio*, também possuímos – embora tenha, em princípio, um sentido mais amplo – o par de contraditórios que o recorta, tendo emprestado do grego, para avizinhar-se à nossa indiferença, sua *apatia*, que marca a negação da *paixão*. Isso não quer dizer, é claro, que nos faltam os conceitos que caem em I e em O: quando Chimène brada: *Vai, eu não te odeio, de modo algum*! é realmente um subcontrário do amor que seu pudor a faz exprimir; e, para *eu não o amo*, tampouco faltam aplicações concretas. Não é menos notável que não se fez sentir a necessidade de diferenciar expressamente o não-ódio e o não-amor, e que pareceu suficiente conjugá-los em um só vocábulo.

Esses exemplos de organização quádrupla em cruz latina interessam diretamente ao nosso propósito, pois que sugerem fortemente que os nossos postos U e Y, negligenciados na estrutura quadrática tradicional, podem realmente ser mais importantes no uso que os postos I e O.

* A afirmação é válida também para o português (N. da T.)

8. Os Conceitos-Atributos e as Qualidades

§23. O estudo dos conceitos-atributos será a ocasião privilegiada de colocar o problema das relações entre a estrutura estrelada da oposição e a estrutura linear da graduação. A primeira, fundada essencialmente na negatividade, apresenta sistemas que só podem contar – malgrado o duplo uso da negação e a intervenção tanto da conjunção como da disjunção – com um número limitado, e até bastante fraco, de termos. A segunda obedece a um princípio inteiramente diverso: ela introduz nas qualidades diferenças de quantidade. Comporta assim o estabelecimento de uma escala que se pode, seja diversificar indefinidamente por subdivisões cada vez mais finas, seja, ao contrário, reduzir a uma forma rudimentar pela consideração de um meio entre dois extremos. Nesse último caso, ela vai recobrir a tríade dos contrários com a estrutura oposicional, e é possível então algumas vezes hesitar em presença de uma dessas tríades sob a interpretação a lhe ser dada.

Certos casos são bastante claros, para os quais não se experimenta dificuldade em distribuir os conceitos-atributos de uma mesma família conforme a estrutura oposicional. Sem dúvida, os mais nítidos são aqueles em que a própria forma verbal ressalta, a partir de um termo dado, a diferenciação dos contrários e dos contraditórios, pelo emprego de dois prefixos negativos distintos e de força desigual. Assim, às relações *simétricas* opõem-se, sejam aquelas que são *assimétricas* (contrárias, negação forte), sejam aquelas que são simplesmente *não-simétricas* (contraditórias, negação fraca). Ainda assim, é preciso não deixar-se iludir por uma docilidade cega às sugestões do vocabulário. Este nos convidaria a crer, nesse exemplo, que temos de nos haver com uma tétrade lacunar AEO, em que o quarto posto poderia ser facilmente reconstruído pela negação contraditória da "assimetria". Na realidade, o que se pretende designar pelo qualificativo de "não-simétrico" é antes de mais nada uma relação que não é nem simétrica nem assimétrica, uma relação, portanto, ao mesmo tempo, não-simétrica e não-assimétrica, em suma, uma relação que ocupa não o posto O contraditoriamente oposto ao A, mas um posto Y que seja, em relação ao A e também ao E, um simples contrário, e que tenha ele próprio, por contraditório, a disjunção de A e de E, isto é, as relações que são perfeitamente determinadas, em um sentido ou em outro, do ponto de vista da simetria: simétricos ou assimétricos. Como vemos, é a tríade AEY que proporciona aqui o esquema fundamental, enquanto os postos I e O da tétrade, obtidos por dissociação de Y, permanecem praticamente sem emprego no estado separado.

Mesmo se a forma verbal não o revela expressamente, a estrutura oposicional é aplicável quando a diferenciação dos conceitos, e das palavras que os exprimem, baseia-se em uma quantificação implícita. Uma garrafa está cheia, vazia ou começada; um imóvel está intacto, destruído ou danificado: reconhecemos facilmente sob essas tripartições a tríade *tudo, nada, algum*, sendo esta última palavra entendida na acepção neutra. Um pouco menos imediatamente perceptível, ela se deixa ainda adivinhar em outros casos, como quando se qualifica uma vestimenta de nova, usada, ou simplesmente gasta. Uma menção particular deve ser feita à quantificação temporal *sempre, jamais, algumas vezes*, que se encontra na raiz de diversos sistemas de opostos. Em um certo clima, o céu está ensolarado, ou enevoado, ou variável; entre meus alunos, alguns são assíduos, outros, os que jamais vêm, só me são conhecidos por sua escrita, outros enfim, são intermitentes, irregulares. É o caso de retomar o exemplo da quantificação temporal que acabamos de analisar: uma relação R é simétrica quando a fórmula $aRb \supset bRa$ é *sempre* verdadeira; assimétrica quando ela é sempre falsa (= *jamais* verdadeira); não-simétrica quando ela é *algumas vezes* verdadeira, e *algumas vezes* falsa. Vale o mesmo para a distribuição dos enunciados em três classes: tautológicos, contraditórios, sintéticos.

É necessário destacar que tudo o que foi dito sobre os funtores modais se aplicaria também aos adjetivos-atributos pelos quais, em uma linguagem não simbólica, eles são no mais das vezes traduzidos, na falta de vocábulos exatamente apropriados, para a expressão dos próprios funtores modais?* Há de certo uma diferença, que teoricamente não é negligenciável, entre a forma Lp (*necessariamente p*) e a forma *"p" é necessária*: é aquela que os lógicos da Idade Média reconheciam entre a modalidade *de re* e a modalidade *de dicto*. Mas a correspondência entre as duas formas é tão estreita, que as línguas usuais não sentem necessidade de distingui-las de modo muito nítido; elas quase só se prestam à expressão *de dicto*, em que a modalidade é marcada por um adjetivo-atributo. Tivemos, nós mesmos, de nos conformar a esse uso e, de fato, é sobre os adjetivos *necessário, impossível, demonstrado, obrigatório* etc., que se sustentou nossa estruturação dos conceitos modais.

§24. Mas a função essencial dos adjetivos – atributos ou epítetos – e a dos substantivos abstratos que lhes estão ligados, é a de exprimir qualidades. E a questão que se coloca agora é a de saber até que ponto os conceitos de qualidades se deixam organizar segundo o esquema oposicional que nos serviu aqui de modelo.

A primeira constatação a fazer é que, a julgar pelo vocabulário em que ele se exprime, o pensamento das qualidades é, de início, inteiramente fundado na oposição dos contrários. Aqui,

* Ver definição de funtor, p. 125, supra.

é preciso entender a palavra contrário em sua acepção mais forte. Logo, não somente no sentido em que Aristóteles e, na sua esteira, os lógicos clássicos falam de proposições contrárias, isto é, simplesmente incompatíveis: é assim que nós mesmos entendemos a palavra ao aplicá-la às relações entre conceitos, e é o que nos permitiu agrupar contrários por tríades, cujos termos se excluem mutuamente. Mas, na *Hermeneia*[1], Aristóteles chama também de contrários os extremos de um mesmo gênero, os quais, evidentemente, só podem se reunir por pares. Tais contrários são seguramente incompatíveis, porém a recíproca não é verdadeira, e isso porque a noção de contrários por incompatibilidade é mais ampla em extensão e mais fraca em compreensão do que a de contrários por contraste extremo. Ora, é exatamente essa a ideia da oposição maximal que serve de base à organização de nossos conceitos relativos às qualidades, quer se trate de qualidades sensíveis ou de qualidades morais. A maior parte das qualidades se distribui, em nossa linguagem, por pares antitéticos que designam os graus extremos, os que atingem e às vezes ameaçam nossa sensibilidade física ou moral, enquanto amiúde faltam, para cada um deles, não somente a designação das nuanças intermediárias, mas até mesmo o termo médio. Entre o *pesado* e o *leve*, o *seco* e o *úmido*, o *delgado* e o *espesso*, o *rugoso* e o *polido*, o *doce* e o *amargo*, o *flexível* e o *rígido*, o *fino* e o *grosso*, o *denso* e o *raro*, o *brilhante* e o *embaciado*, o *rápido* e o *lento*, o *comprido* e o *curto*, o *grande* e o *pequeno*, o *profundo* e o *superficial*, o *grave* e o *agudo*, encontramos com dificuldade um termo exata e exclusivamente apropriado a cada par para marcar a posição de equilíbrio. Se o músico pode reforçar com superlativos o *forte* e o *piano*, não há palavra para indicar as intensidades intermediárias e deve contentar-se em escrever sobre a partitura: *mezza voce*, ou mesmo, *mezzo forte*. Sucede o mesmo com as qualidades morais: por qual adjetivo qualificar

1 Capítulo 14, 23b, 22-23. Os estoicos aceitam essa definição dos contrários como "termos do mesmo gênero o mais distante uns dos outros" (*Fragmenta de Arnim*, II, 172).

de maneira absoluta e pertinente aquele que não é *preguiçoso* nem *laborioso*, ou aquele que mantém o meio termo entre a *ousadia* e a *timidez*, ou aquele que não é *humilde* sem, no entanto, ser *soberbo*?

Agora, quando se procura preencher essa vasta zona que separa os dois extremos, pode-se chegar a isso de dois modos: ou opor a cada um dos termos extremos sua negação contraditória, ou então ligá-los por uma série de intermediários. Engajamo-nos assim em uma ou outra das duas estruturas, entre as quais devemos escolher: a estrutura estrelada da *oposição*, essencialmente descontínua, em que cada termo estabelece com todos os outros uma relação direta e bem determinada; e a estrutura linear da *graduação* em que os termos, indefinidamente multiplicáveis, não apresentam relações imediatas a não ser com seus dois vizinhos. Com respeito a qualidades que são suscetíveis de variar por grau, as diferenças, em vez de ser organizadas segundo o *sim* e o *não*, podem, com efeito, ser pensadas segundo o *mais* e o *menos*, e assim elas se ordenam em séries ao longo de uma escala linear. Essa estrutura da graduação deve ser bem distinguida com respeito à da oposição, sobretudo quando a tomamos sob sua forma acabada e mais típica, a de uma escala ao mesmo tempo precisa e nuançada como é, por exemplo, a escala termométrica do físico. De um lado, ela não comporta recobrimentos, portanto, indeterminação: aí, cada termo exclui todos os outros, inclusive seus dois vizinhos dos quais é, em princípio, nitidamente distinto. De outro lado, as divisões da escala introduzem aí comumente um grande número de termos, que se pode, aliás, aumentar indefinidamente, ao menos em teoria, por subdivisões ou prolongamentos. Ora, a ausência de toda intromissão, sabemo-lo, suprime a possibilidade de subcontrários e de subalternos. Quanto aos contrários e aos contraditórios, a multiplicidade dos graus enfraquece seu sentido e alcance a ponto de condená-los bem depressa à insignificância. O sentido da palavra "contrário" já se havia um pouco degradado quando passou do contraste, esta contrariedade por excelência, à simples incompatibilidade. Ainda assim, quando ela atuava em um sistema que contava apenas dois ou três termos, na falta de ideia do contraste máximo, ela conservou ao menos a de uma diferença maior. Mas, na medida em que a abundância dos graus diminui as diferenças e quando, destarte, a incompatibilidade se estabelece entre termos tão vizinhos e tão semelhantes quanto se queira, a noção de contrariedade se extenua a ponto de perder toda a substância. Do seu lado, a de contradição torna-se de tal modo vaga que ela cessa de merecer consideração, uma vez que se exprime por uma disjunção que nos deixa indecisos entre todos os termos de um numeroso conjunto, com exceção de um só. Mais precisamente ela só tem, então, sentido válido como negação de um termo, mas não como posição do termo contraditório.

Entretanto, se as duas estruturas são nitidamente distintas quando se apresentam sob sua forma acabada, isso não exclui que entre elas se possam encontrar estruturas menos evoluídas e como que hesitantes, cuja interpretação se prestará, então, à controvérsia. A estrutura gradual, acabamos de relembrar o fato, não se manifesta plenamente a não ser nas escalas quantitativas do estudioso, em que assume uma forma verdadeiramente *pregnante*. De modo inverso, a estrutura da oposição se inflete para a da graduação na medida em que cada subalternado acusa sua independência em relação a seu subalternante e se modifica até tomar a feição, em face dele, de uma espécie de contrário: sem dúvida, um contrário fracamente contrastado e, não obstante, exteriorizando-se suficientemente para que a diferença resulte em incompatibilidade. De outro lado, e tomado em geral, o subalternado aparece de forma bastante natural como um grau enfraquecido de seu subalternante, visto que é obtido a partir dele por uma dupla negação, a qual é comumente usada para atenuar uma afirmação. De modo que os dois subcontrários I e O estão aptos a desempenhar o papel de intermediários em relação aos dois contrários extremos A e E. Tomada, na ordem AIOE, ou mais completamente na ordem AIYOE em que Y é o centro de simetria, uma família de opostos pode ser interpretada como uma série linear gradual, contanto que retoquemos os termos de maneira a assegurar a exterioridade recíproca deles. Essa observação tem um alcance geral e vale também fora do domínio das qualidades, por exemplo, com os próprios conceitos quantificadores: *tudo, muito, medianamente, pouco, nada*. Assim se explica que, apesar da heterogeneidade das duas estruturas, oposicional e gradual, passa-se de forma bastante fácil de uma a outra. E dessa maneira se explica igualmente que se possa, algumas vezes, hesitar quando se trata de relacionar tal família de conceitos a uma ou a outra dessas estruturas.

§25. É com as qualidades morais que a estrutura oposicional resistiu melhor à contaminação. A razão disso é clara: para qualidades que mal se prestam para uma medida exata, sequer a uma simples determinação de posição, não se deve apenas esperar vê-las se ordenarem numa série gradual muito nítida. A aritmética dos prazeres, a escala métrica da inteligência e a medida das aptidões chocam-se, vão de encontro às resistências da consciência. O que se esperaria de preferência aqui é, apoiada na oposição dos contrários, a constituição de uma estrutura ternária do tipo AYE, pela introdução de um termo mediano, marcando a posição de equilíbrio entre os dois extremos. Pois esses extremos são vícios, ou ao menos defeitos, "tendo todo excesso o costume de ser mau", ao passo que a virtude correspondente *stat in medio* (fica no meio): como esta, não seria a virtude distintamente concebida e expressamente nomeada? Tal não é, entretanto, o caso mais frequente. Como já havíamos notado, o termo central, aquele que cairia exatamente em Y, faz amiúde falta. Em compensação, não é raro que a gente disponha de um segundo par de termos, contraditoriamente opostos aos dois extremos, e compondo com eles um quadrado lógico. O que, de fato, confirma que essas qualidades são naturalmente pensadas, segundo a forma oposicional à base de negação. Um não-*pródigo* é *econômico*, um não-*avaro* é *liberal*, mas não dispomos de uma palavra única para qualificar aquele que, evitando os dois excessos, saiba ser ao mesmo tempo liberal e econômico. Um não-*temerário* é *prudente*, um não-*covarde* é *corajoso*, mas como denominaremos o homem que sabe aliar a coragem à prudência? Ou o bom educador, a um só tempo *firme* e *indulgente*, isto é, nem *fraco*, nem *severo*? Ou o bom aluno, igualmente distante da *indisciplina* e da *servilidade*, e cuja *docilidade* não exclui certa *espontaneidade*? Uma determinada pessoa é *fazedora de careta* e a outra, *exuberante*, mas a pessoa pode ser *aberta*, permanecendo ao mesmo tempo *reservada*, sem que nenhum adjetivo venha sancionar essa aliança. Não multipliquemos os exemplos e, de outra parte, guardemo-nos de generalizar abusivamente. Mas reconhecer-se-á facilmente que se nos falta amiúde um termo que venha marcar a negação conjunta e exatamente equilibrada de dois defeitos contrários, dispomos então, em compensação, dos dois termos que marcam, separadamente, a negação de cada um deles. A estrutura da oposição, por contrários e contraditórios, dando origem a subcontrários e a subalternos, aqui é manifesta.

Isso não impede que os termos de uma dessas famílias tolerem ser ordenados em uma série linear que comporta uma graduação sumária, segundo a ordem AIOE: *pródigo-liberal-econômico-avaro*, ou *temerário-corajoso-prudente-covarde*. Tanto mais quanto o vocabulário permite intercalar intermediários, que servem como outros tantos degraus na escala, por exemplo, indo do *prudente* ao *covarde*, passando pelo *timorato*, *pusilânime* e *poltrão*. A ambiguidade da estrutura aparecerá claramente se colocarmos questões como esta: é possível ser ao mesmo tempo corajoso e temerário, ou avarento e econômico? Pode-se responder pela afirmativa: um avarento é *a fortiori* econômico com seus dinheiros; e não se diz às vezes de um homem que é corajoso até a temeridade?

Então, é que *corajoso* e *econômico* são pensados como subalternos, implicados pelo subalternante deles, com o recobrimento característico da subalternação: estamos em estrutura oposicional. Mas a resposta negativa pode também justificar-se: como, com efeito, poderia um vício como a avareza ou a temeridade ser encarado como um caso particular de uma virtude, economia ou coragem? No entanto, é o que se vê agora na avareza e na economia, ou na temeridade e na coragem, dois graus distintos de uma mesma escala: pode-se estar realmente em um ou no outro, mas não simultaneamente nos dois. Nesse caso é evidentemente conforme uma estrutura gradual que se dispõem mentalmente os termos da família, estando cada termo definido entre as duas extremidades da escala por aqueles termos que lhe são vizinhos e os delimitam de um lado e de outro.

Dessas duas estruturas, pode acontecer que a segunda pareça hoje mais natural, porque temos uma tendência crescente, em nossa civilização científica, de substituir as escalas quantitativas pelas velhas oposições conceituais. Não é nada duvidoso, entretanto, que seja a outra que se deva ter como a forma original. Hoje em dia, ainda, é aquela que, mantida pelo vocabulário, persiste com mais frequência na organização de nossos conceitos relativos às qualidades morais. Poderíamos citar exemplos em que a estrela completa, com seus seis postos, encontra sua expressão adequada na linguagem. Assim, para ir imediatamente a esses extremos que a patologia conhece, à *excitação* maníaca se opõe, como seu contrário, a *depressão* melancólica; a esses excessos mórbidos se opõem, como suas negações contraditórias, estados normais, chamamos de *calma* a não excitação, de *ânimo* a não-depressão; enfim, chamamos de *equilibrado* (Y) àquele que não está excitado nem deprimido, quer dizer, está ao mesmo tempo calmo e animado, e de ciclotímico (U) àquele que, não estando jamais nesse estado de equilíbrio, não sabe estar ao mesmo tempo animado e calmo, aquele que está sempre excitado ou deprimido.

§26. Agora, se das qualidades morais passamos às qualidades sensíveis, a proporção entre as duas estruturas se inverte, pela razão já indicada. Pois aqui, a atração que exercem as escalas métricas do físico torna-se quase irresistível. Estas há muito tempo transpuseram o recinto do laboratório e, por meio das técnicas, ingressaram em nossa vida cotidiana e em nossa linguagem usual. Entretanto, nem por isso subsiste menos a antiga estrutura, nitidamente perceptível no pensamento comum e não apenas em seu nível mais baixo. Eugène Dupréel lamenta que a filosofia tenha sempre permanecido prisioneira dos quadros intelectuais traçados pelos pré-socráticos cuja especulação se baseava essencialmente na oposição de conceitos contrários[2]. Como quer que seja, para a filosofia não há dúvida ao menos de que, cotidianamente, a organização bipolar das qualidades coexiste com sua seriação gradual, devido ao fato de que ela exprime melhor do que nenhuma outra, sem dúvida, nossa experiência imediata. É inútil saber que, objetivamente, há apenas uma diferença de grau entre o quente e o frio, o seco e o úmido, o pesado e o leve, nem por isso nós deixamos de senti-los, subjetivamente, como impressões originais, irredutíveis a uma medida comum. Sem ir a ponto de sustentar, com Bergson, que a toda variação perceptível na intensidade do excitante corresponde, para a consciência, uma radical mudança qualitativa, não se poderia negar essa heterogeneidade fenomenal, quando as variações quantitativas da excitação tomam uma amplitude suficiente para serem sentidas, precisamente, sob esse aspecto de contrários qualitativos. O próprio fato de haver conservado conceitos e termos distintos, ainda que fossem reduzidos aos dois únicos contrários, para uma mesma ordem de sensações, testemunha que o pensamento físico não foi completamente assimilado. Pois, segundo este, não há, para uma ordem dada de qualidades, *muitos* conceitos a organizar em uma estrutura, porém, um conceito *único*, cujas variações de grau, só elas, devem ser ordenadas:

2 La Consistance et la probabilité constructive, *Mémoires de l'Académie royale de Belgique, classe des lettres*, t. 55, fasc. 2, 1961, p. 5-7.

essa variação de grau ignora o calor e o frio, o seco e o úmido, o pesado e o leve, ela só conhece a temperatura, o grau higrométrico, a densidade.

Mesmo quando, entre dois contrários, colocamos intermediários, o fato de eles serem facilmente abocanhados pela estrutura gradual, isso não deve nos ocultar sua origem e nos levar a esquecer que nasceram amiúde de um pensamento oposicional. Consideremos a sequência de termos: *quente, morno, temperado, fresco frio*. Ela se nos aparecerá, sem dúvida, como uma série gradual, assinalando uma intensidade decrescente. Trata-se aí de uma interpretação bastante natural e que hoje reforça o hábito da escala termométrica, que atrai essa série para a sua própria forma, em que ela seria como um primeiro esboço. Entretanto, é pouco duvidoso que o morno e o fresco tenham sido concebidos de início, respectivamente como as negações contraditórias do frio e do quente. O banhista que para encorajar seus companheiros grita-lhes que a água está *morna*, quer evidentemente lhes significar que ela *não está fria*; e quando, duas horas mais tarde, ele lhes recomendará que entrem porque começa a ficar *fresca*, o que ele quer dizer com isso é que não está *mais bastante quente* para se demorar com pouca roupa sobre o corpo na praia. Só que, como o morno é mais próximo do quente, pois ele é o não-frio, logo uma espécie de quente atenuado, e do mesmo modo o fresco é mais próximo do frio, visto que ele é o não-quente, esses opostos se deixam facilmente distribuir simetricamente de um lado e do outro do temperado, em uma série linear. De outra parte, o morno, caso ele se oponha ao quente como a negação fraca do frio se opõe à sua negação forte – não sendo no entanto, exatamente seu subalterno, não mais do que seu outro vizinho –, não é verdadeiramente um "quente ou temperado". Porém, conforme se verá aí, é antes uma espécie de temperado alargado, que estaria do lado do quente, ou então uma qualidade original, que não é uma coisa nem outra e constitui somente entre eles um grau intermediário, ou, penderá para a estrutura estrelada da oposição ou para a estrutura linear da graduação. Assim, a maioria de nossas famílias de conceitos relativos às qualidades sensíveis apresenta hoje em dia formas indecisas, hesitando entre as duas estruturas. Daí por que não é impróprio, desde que a família ultrapasse a forma elementar do par de contrários por contraste, analisá-la segundo o esquema dos opostos, seja em sua forma quadrática tradicional, seja nas formas triádica ou hexádica que lhe superpusemos. Para prosseguir no mesmo exemplo, basta evidentemente adicionar às noções de quente e de frio a das temperaturas extremas, que são uma ou outra, como nos climas denominados continentais, para reencontrar todos os postos do hexágono lógico.

Quando, portanto, a propósito das qualidades em geral, falamos de um meio entre dois extremos, é bem verdade que nossa linguagem mesma sugere a ideia de uma ordem linear. Resta, não obstante, que essa ordem não se manifesta de maneira indiscutível, a não ser quando se passa à construção de verdadeiras escalas, ao mesmo tempo mais nuançadas e mais precisas, em que a constelação de vários conceitos qualitativos é substituída pela variação de um conceito único, que cessou de ser o de uma *qualidade* para tornar-se o de uma *grandeza*, de uma "dimensão". No estado rudimentar, estamos às voltas antes com uma forma ainda neutra, seguramente suscetível de se desenvolver em uma série linear, porém capaz de ordenar-se em uma constelação de opostos se, em vez de *desdobrar* ou dividir à vontade cada termo, preferirmos *redobrá-la* associando-lhe sua negação.

9. Os Conectores Binários

§27. Um último exemplo, e não dos menores, de aplicação de nossa estrutura hexagonal nos será fornecido pela solução que permite dar ao problema da estruturação de conectores interproposicionais binários, que se exprimem na linguagem comum por essas palavrinhas[1] que combinam em uma proposição complexa duas proposições elementares, de modo que a verdade ou a falsidade da proposição resultante seja função da verdade ou da falsidade de duas proposições componentes: *p* e *q*, *p* ou *q*, se *p* então *q*, nem *p* nem *q* etc. Uma simples enumeração empírica desses conectores não seria, evidentemente, satisfatória. Mas, além disso, não basta levantar um quadro sistemático deles, mostrando, segundo as possibilidades combinatórias, que ele conta exata e necessariamente com dezesseis casos. Pois tal quadro deixa todos os conectores no mesmo plano e, ademais, quase não nos informa sobre suas relações. Mais instrutivo seria, acerca dessas relações, sua interdefinibilidade. Sabe-se que cada um desses conectores pode ser definido por não importa qual outro com a ajuda da negação – ou mesmo sem ela, se partirmos de um ou outro dos dois conectores ditos schefferianos. Entretanto, se assim nos é mostrada a sua conexão, mantemo-nos

1 Essas palavras são "sincategoremáticas", e não exprimem, pois, propriamente conceitos. Nem por isso são despidas de sentido, e a questão que para elas se coloca, assim como para as famílias de palavras "categoremáticas", é a de saber como esses diversos sentidos se relacionam uns com os outros, e segundo qual estrutura o seu conjunto delas se organiza.

em uma completa indecisão sobre a escolha do ou dos conectores que convém considerar como primeiros e fundamentais, sendo semelhante questão, de um ponto de vista puramente formal, despida de sentido; além do mais, e sobretudo, deixa-se sempre de lado o problema de sua organização numa estrutura de conjunto e, se possível, em uma dessas estruturas essenciais em que a razão se reconhece como estando em um domínio familiar.

Esse problema foi pouco abordado até aqui e jamais, em nosso entendimento, de maneira plenamente satisfatória. Encontramos realmente em Bochenski a colocação em quadrado lógico de quatro junções[2], mas a ideia não é explorada. Mais desenvolvidas são as pesquisas de Piaget e de Gottschalk[3]. Infelizmente, elas permanecem incompletas porque, se elas distribuíssem os conectores em alguns grupos bem estruturados, deixariam esses mesmos grupos isolados, sem organizá-los em uma estrutura de conjunto. Elas sofrem, aliás, de certas imperfeições, que uma rápida análise fará aparecer.

Partindo da noção de reversibilidade, essencial para uma epistemologia genética e uma lógica operatória, Piaget distingue aí duas formas. Primeiro, uma reversibilidade simples, aquela que atua, na lógica das classes, entre uma classe e sua complementar; ele chama de *inversos* os conectores que estão entre si nessa relação de complementaridade entre a afirmação e a negação. Mas há também uma complementaridade em relação à equivalência, a saber, a reversibilidade que atua, na lógica das relações, entre uma relação assimétrica e a sua inversa, e que se chama *reciprocidade*. Além disso, essas duas formas de reversibilidade podem combinar-se por multiplicação relativa, e pode-se verificar que sua multiplicação é comutativa, e que a inversa da recíproca de um conector é idêntica à recíproca de sua inversa: Piaget a denomina sua *correlativa*. Ficando assim cada conector

2 *Précis de logique mathématique*, Bossum, 1949, p. 19. Nós agrupamos sob o nome de *junções*, seguindo nisso uma feliz terminologia de Carnap, a conjunção e a disjunção, com suas negações contraditórias, incompatibilidade e rejeição.

3 J. Piaget, *Traité de logique: Essai de la logistique operatoire, Paris: A. Colin*, 1949, §31; W. H. Gottschalk, The Theory of Quaternality, *Journal of Symbolic Logic*, 1953, p. 193-196.

relacionado com três outros, é possível dispor os conectores por "quaternos": nosso autor reparte assim os dezesseis conectores em quatro quaternos, que ele designa pelas letras A, B, C, D. Eis como ele dispõe os quaternos A (junções), e B (implicações) – sem aliás efetivar aqui a aproximação entre essa forma quadrática e o quadrado lógico da oposição[4]:

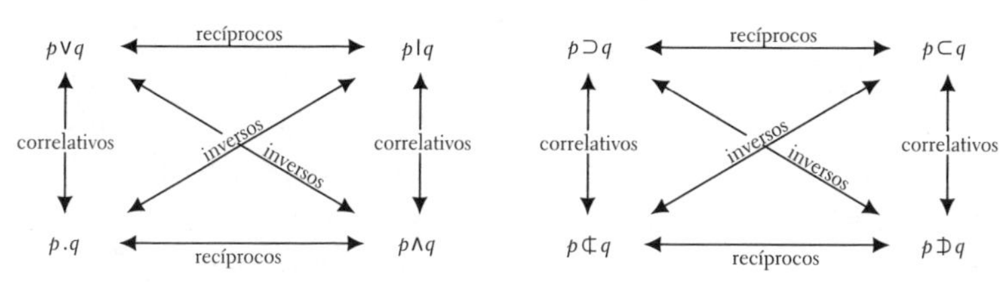

Os outros oito conectores só admitem uma única operação distinta que é a inversão, visto que para uns, que são para si mesmos suas próprias recíprocas, os correlativos se reduzem às inversas, enquanto para os outros, que são para si mesmos os seus próprios correlativos, eles são as recíprocas que se reduzem às inversas. Obtém-se assim quatro pares que se pode, caso se queira, considerar como outros tantos quaternos degenerados, mas que Piaget prefere agrupar bizarramente em dois quaternos: é claro, entretanto, que é por um abuso de linguagem que se conserva essa mesma palavra de "quaterno" para designar, tanto os dois *grupos* em que atuam distintamente as relações de quaternalidade, e as duas *classes* entre as quais se distribuem, devido a semelhanças formais, os pares aos quais se reduzem os quatro quaternos degenerados. Enfim, Piaget se esforça para ligar umas às outras as dezesseis ligações binárias por meio da noção de "grupamento" que é, com respeito ao "grupo" matemático, uma forma empobrecida conveniente para sistemas "fracamente estruturados"[5].

4 *Traité de logique*, p. 271-272. Para facilitar as comparações nós reconduzimos à nossa, nos poucos casos em que ela é diferente dele, a notação de Piaget, por exemplo, $p \wedge q$ por $\bar{p}.\bar{q}$, $p \subset q$ por $q \supset p$ etc. Faremos a mesma coisa mais adiante, p. 153, n. 9.

5 Não discutiremos, deixando para pessoas mais qualificadas o cuidado de fazê-lo (ver por exemplo, G. G. Granger, *Pensée formelle et sciences de l'homme*, 1960, p. 26 a 31), essa teoria do "grupamento" e nos contentaremos em fazer incidir nossas críticas sobre pontos mais concretos. A análise da noção de "grupamento" foi efetuada, de um ponto de vista lógico-matemático, por J. B. Grize nos *Études d'épistémologie génétique*, publicados sob a organização de J. Piaget, v. 11, 1960, p. 69-96, e v. 15, 1963, p. 25-63.

Ao tomar por objeto as constantes do cálculo de predicados – em que figuram naturalmente os conectores do cálculo de proposições – Gottschalk elabora uma teoria geral da quaternalidade na qual apresenta o quadrado lógico da oposição como um caso especial. A noção fundamental é para ele a de dualidade, e é combinando esta com a negação que ele chega a seu "grupo de quaternalidade". Designando *negativa* o que, em Piaget, se denomina a inversa, *dual*, a correlativa, e *contradual*, a recíproca, ele constrói um "quadrado da quaternalidade" que se pode, segundo suas indicações, representar pelo diagrama abaixo, em que a letra Φ simboliza uma fórmula qualquer do cálculo, e os índices N, D, C, as três operações que ela admite:

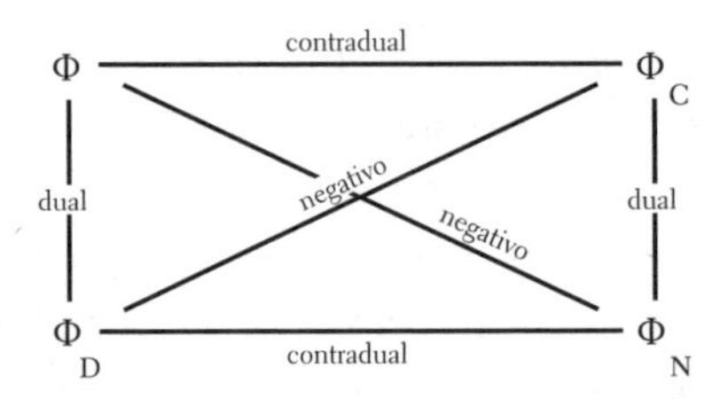

O autor mostra em seguida que esse grupo de operações comporta sua aplicação sobre o quadrado dos quantificadores, tanto em sua forma moderna quanto em sua forma clássica, sobre os conectores interproposicionais, sobre os funtores modais e, enfim, de um modo mais geral, que esse grupo se encontra em todo sistema algébrico com involução.

Para nos ater ao tema que aqui nos ocupa, isto é, aos conectores interproposicionais binários, cabe notar que se os dois autores se distinguem pela maneira de chegar à estrutura quadrática, têm em comum assimilar, quanto ao seu modo de formação, o quaterno das junções e o das implicações. Ora, as similitudes formais desses quaternos uma vez constituídos não devem nos dissimular uma diferença no princípio de sua construção, diferença que corresponde precisamente à do conceito fundamental que inspira cada uma das teorias. Dos dois princípios de dualidade (*lato sensu*) cuja combinação engendra nossos quaternos, um só lhes é comum, a dualidade dos contraditórios. O outro princípio é, no caso das junções, a dualidade morganiana[6], e na das implicações, a dualidade das recíprocas. Pois nas junções, ligações simétricas, não poderia haver verdadeiras recíprocas: estas não se introduzem a não ser que se traduza as junções em implicações equipolentes, por exemplo, entre $p \not\supset q$ e $p \not\subset q$. Inversamente, as implicações não comportam a dualidade morganiana, a menos que, mudando sua natureza implicativa, elas não sejam expressas em termos de junções, por exemplo, entre $\bar{p}.q$ e $\bar{p} \vee q$. A diferença já aparece na terminologia dos dois autores, uma vez que a de Gottschalk, inspirada pela ideia de dualidade, convém propriamente ao caso das junções, ao passo que a de Piaget se aplica de preferência ao caso das implicações, visto que ele toma como fundamental, com a negação, a reciprocidade. Pode-se tornar sensível a originalidade própria de cada quaterno retraçando diagramaticamente sua gênese: ver-se-á que, independentemente do conteúdo dos quatro postos, as estruturas formais se distinguem ao mesmo tempo pelo lugar da célula original e por aquela em direção da qual se dirige uma das flechas cogeradoras, aqui vertical e lá horizontal:

Sem dúvida, é permitido fazer abstração dessa diferença e enunciar a lei constitutiva sob uma forma que seja comum às duas estruturas, porquanto estas, uma vez construídas, são formalmente isomorfas. Concebe-se, pois, que ela não tenha recebido a atenção de um formalista como Gottschalk; por outro lado, é de se admirar que um espírito interessado antes de tudo com os

6 Lembremos que se costuma chamar de Leis de De Morgan as duas leis que enunciam a notável relação de dualidade entre conjunção e disjunção: $\overline{p.q} \equiv \bar{p} \vee \bar{q}$, e $\overline{p \vee q} \equiv \bar{p}.\bar{q}$.

problemas de gênese, e cuja preocupação é a de manter sempre o formalismo lógico em estreito contato com as operações reais do pensamento, não haja prestado atenção a isso.

Depois de ter apresentado a sua teoria sobre um caso particular, que compreende nossos conectores binários, Gottschalk a ilustra com outros exemplos e em primeiro lugar pelo clássico "quadrado da oposição". Quadrado aparentemente mais diversificado que os diagramas precedentes, pois ele comporta a distinção dos contrários e dos subcontrários e a dos subalternantes e dos subalternados, em suma uma dissimetria em relação à mediana horizontal. Daí por que Gottschalk pede que se inscreva aqui indicações suplementares, *additional entries*, que se impõem nesse novo caso, e que subsistirão para o quadrado das modalidades.

Mas não se impunham já essas indicações para os quadrados dos conectores? Haveria necessidade de deixar em branco lugares disponíveis para entradas adicionais? Ou não convinha inscrever aí expressamente tais indicações, que ele não teria necessidade então de *acrescentar*, no quadrado dos opostos, mas somente de *reencontrá-las*? É claro, com efeito, que a reciprocidade (ou contradualidade) entre $p \not\subset q$ e $p \not\supset q$, ou entre $p.q$ e $p \wedge q$, não tem as mesmas propriedades que há entre $p \supset q$ e $p \subset q$, ou entre $p \vee q$ e $p | q$: nos dois primeiros casos, as duas recíprocas se comportam entre si como contrárias (incompatíveis), e nos dois últimos, como subcontrárias (simplesmente disjuntas). Cumpre, portanto, distinguir entre reciprocidade e *sub-reciprocidade*. Em consequência, a dualidade morganiana (ou contrarreciprocidade) não se estabelece simetricamente entre suas duas duais: entre elas há subalternação, ou seja, implicação sem reciprocidade. É preciso, pois, distinguir entre a dual e sua *subdual*.

Essas distinções são igualmente mascaradas pela terminologia de Gottschalk e de Piaget. Elas são, no entanto, necessárias, pois sua omissão expõe a erros. É assim que Piaget aplica às recíprocas em geral uma propriedade que ele constatou a propósito de nossas sub-recíprocas, quando escreve que "a reunião conjuntiva de duas operações recíprocas equivale a uma equivalência"[7]: é verdadeira para $(p \supset q).(p \subset q)$, mas falsa para $(p \not\supset q).(p \not\subset q)$, uma vez que essas duas operações não se deixam conjugar; não mais, naturalmente, que $p.q$ e $p \wedge q$. Do mesmo modo, seu diagrama induz em erro pelo fato de que, dotando de uma dupla flecha todas as suas relações, inclusive a correlatividade, ele o apresenta como uma relação simétrica.

§28. Convém, portanto, não só *completar*, mas também *corrigir* os diagramas que Piaget e Gottschalk propõem para a estruturação dos conectores. Gottschalk põe sobre a mesma linha[8] conjunção e implicação, dando a entender que esses dois termos, cuja posição determina a dos outros, situam-se em vértices homólogos dos dois quadrados. Cumpre, ao contrário, colocar a implicação em um posto reservado às sub-recíprocas e às subduais, isto é, a um vértice homólogo ao da disjunção. Piaget observa realmente essa condição; infelizmente, ele coloca a implicação em A e a conjunção em I. Indiferente no que diz respeito apenas aos conectores interproposicionais, essa disposição tem o defeito de mascarar, por inversão, a analogia com o quadrado da oposição, cuja orientação é tradicional[9]. Tais são as razões que comandam, para o quaterno das junções e para o das implicações, diagramas

7 *Traité de logique*, p. 304.

8 No quadro que ele fornece no alto da p. 195.

9 Daí o perigo de que se venha a reconhecer essa analogia, como acontece com Piaget perto do fim de seu *Traité de logique*, quando é levado por uma teoria, aliás, bastante esquisita, da quantificação dos conectores, a organizá-los em quadrado lógico. Ele chega então ao seguinte quaterno mixto (p. 366).

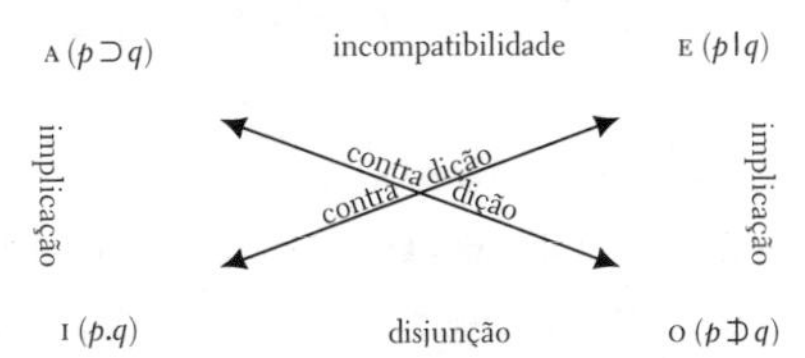

Ora, é extraordinário que as quatro relações que ele estabelece entre os termos desse quadrado sejam *todas* falsas! O erro mais visível não é sem dúvida o mais grave, pois é certamente por pura inadvertência, efeito de uma confusão verbal pela qual as relações diagonais foram caracterizadas pela contradição: esta, entendida no sentido que ela assume no quadro dos conectores, assinala a falsidade total, enquanto as duas proposições contraditórias estão entre si na relação de alternativa. Para as outras três relações, um cálculo fácil mostrará que o autor, vítima da inversão dos seus quaternos de conectores com respeito ao quadrado lógico dos quantificadores, pôs de cabeça para baixo sua rede de relações, quando elas estão relacionadas não às proposições em A, E, I, O, mas aos conectores aos quais se lhes fez corresponder, por desprezo: seus incompatíveis são realmente disjuntos, seus disjuntos, incompatíveis, e suas implicações, como aliás o contexto confirma, se dirigem em contrassenso.

 dispostos de outro modo que os sugeridos por Gottschalk e os traçados por Piaget: aqueles mesmos que propusemos, de nossa parte, um pouco acima[10].

A que se deve, no caso, essa diversificação nas relações de reciprocidade e de dualidade? Se a analogia com a oposição segundo a "qualidade" é manifesta, que analogia com a "quantidade" das proposições opostas permitirá repartir os conectores entre os postos homólogos aos dos "universais" e ao dos "particulares"? Lembremos que a indeterminação dos "particulares" ao fazer oscilar I entre A e O, assim como O entre E e I, permitia esses recobrimentos sem os quais as relações de oposição não poderiam se diversificar. Pois em um sistema cujos termos são mutuamente exclusivos, subsiste apenas uma única forma de oposição, a negação, e uma só relação entre dois quaisquer de seus termos: a de contradição (alternativa), se o sistema conta somente com dois termos, ou a de contrariedade (incompatibilidade), se ele conta com mais de dois. Inversamente, todo sistema comporta subcontrários, que serão também subalternos, ele os deixará indeterminados relativamente aos seus subalternantes. Ora, no conjunto dos conectores binários – com abstração da tautologia e da contradição que nos deixam em uma indeterminação total –, quatro são determinados ao máximo quanto ao verdadeiro, contando somente um caso de verdade: são, portanto, aqueles que é preciso situar nos vértices superiores de nossos quadrados. Eles são evidentemente incompatíveis entre si, porquanto nenhum recobrimento é possível para o único caso de verdade deles. Quatro outros, que deverão ocupar os vértices inferiores, são determinados ao mínimo quanto ao verdadeiro, comportando três casos de verdade. Eles se recobrem, pois, em parte, e dois quaisquer dentre eles têm duas chances em quatro de ser verdadeiros em conjunto, ao passo que eles jamais poderão coincidir por causa do seu único caso de falsidade: há entre eles disjunção. Entre os três casos de verdade que cada um deles tem, figura o conector ao qual o caso

10 Ver p. 165, supra.

de verdade está ligado por dualidade morganiana: ele o contém, é, portanto, implicado por ele; os outros dois casos são os dos dois determinados do outro quaterno.

Compreende-se agora por que, no caso dos binários, somente a metade dos dezesseis conectores se presta ao agrupamento quaternário. Aqui, só há uma determinação desigual para o verdadeiro e para o falso[11], os conectores de formas normais ímpares, cujos quadros de verdade não podem ser nem simétricos nem – por permutação dos V e dos F – contrassimétricos, e que permitem, por conseguinte, a diferenciação entre os contrários e subcontrários, entre subalternantes e subalternos: diferenciação sem a qual o diagrama se achataria para não mais admitir outra dualidade característica senão a dos contraditórios. Esse é precisamente o caso dos oito outros conectores que não podem se agrupar por pares.

§29. Estando agora a analogia com o quadrado dos quantificadores claramente reconhecida e distintamente precisa, restam duas questões das quais se suspeita muito que elas são antes duas vias de acesso a uma mesma solução. Primeiramente, pode-se, prosseguindo a analogia, impelir até a héxade cada uma das nossas tétrades de conectores, e quais serão, nesse caso, os conectores a serem inscritos nos postos Y e U? Em segundo lugar, como chegar a uma estrutura unitária que englobe, se possível, o conjunto dos conectores, ligando um ao outro nossos dois quaternos e articulando-os com os conectores subsistentes?

Todavia, um reparo prévio impõe-se nas cercanias dessa segunda questão. A combinatória nos coloca em presença de um quadro exaustivo de dezesseis possibilidades teóricas. Irrepreensível de um ponto de vista formal, esta construção totalmente mecânica e cega apresenta o defeito de colocar em um mesmo plano todas as relações às quais ela chega, sem permitir

11 Postas à parte, ainda uma vez, a tautologia e a contradição, cada uma das quais tem uma tabela completamente indiferenciada e que cai, por essa razão, no caso das simétricas.

diferenciá-las de um ponto de vista funcional. Ora, nesse quadro de conectores binários, há seis membros aos quais sua natureza mesma proíbe de desempenhar as funções de um conector binário: são os dois pares da verdade e da falsidade simples de p e de q, e o par tautologia-contradição. Os quatro primeiros, binários degenerados, não têm interesse prático sob essa forma inutilmente complicada de operadores binários, visto que recobrem simplesmente operadores singulares, afirmação ou negação de *uma* proposição. Em compensação, a tautologia e a contradição desempenham um papel capital no cálculo, mas isso se deve precisamente ao fato de que elas não são propriamente funções de verdade em relação às suas proposições constituintes. A prática sanciona, aliás, essas considerações teóricas, estabelecendo, entre os conectores, uma espécie de hierarquia. A importância de três dentre eles – conjunção, disjunção, implicação – manifesta-se pelo simples fato de que todos os sistemas usuais têm símbolos para si. Se, à implicação, acrescentamos sua recíproca e a reunião dos dois (equivalência), e se redobramos essa lista pela negação, obtemos precisamente os dez conectores que o conjunto formado por nossos dois quaternos conta, aumentados pelo par equivalência-alternativa. São esses mesmos aos quais se estendem e aos quais se limitam, por exemplo, os dez símbolos utilizados por Church; são eles também, exatamente, aqueles entre os quais Gottschalk reconhece expressamente uma dualidade; são eles, enfim – se é permitido acrescentar essa observação que não é decisiva, mas ainda assim corroborante, e que não é deslocada em uma lógica reflexiva –, aqueles que têm um correspondente aproximativo na linguagem usual. Por tais razões, uma lógica reflexiva é autorizada, ou antes, convidada, a se ater a esse sistema reduzido, mas não arbitrariamente reduzido. Isto é, nosso segundo problema se reduz àquele do lugar que convém atribuir ao par equivalência-alternativa com respeito aos dois quaternos das implicações e das junções.

Todavia, será mais cômodo abordar a questão pelo primeiro problema, nada sendo mais fácil do que lhe proporcionar uma resposta. Com efeito, sabe-se que a conjunção da implicação e de sua inversa dá na equivalência, amiúde mesmo assim definida como dupla implicação: $(p \equiv q) = \text{df.}(p \supset q).(p \subset q)$. E a negação da equivalência é a alternativa. Assim, nosso quaterno das *implicações* completa-se em uma héxade pela adjunção da equivalência ao posto Y, e da alternativa ao posto U. De outra parte, a conjunção da disjunção e da incompatibilidade proporciona a alternativa, pois quando, de *p* e de *q*, há verdade de uma ou de outra, mas não das duas ao mesmo tempo, é evidentemente porque há uma alternativa entre as duas proposições; e como a negação da alternativa é a equivalência, o quaterno das *junções* assume, ele também, a forma hexádica, admitindo a alternativa a seu posto Y, e a equivalência a seu posto U. Assim, quando se dilata nossos dois quaternos até a forma hexádica, obtém-se os seguintes resultados notáveis:

1. Os conectores que ocupam os postos U e Y de um dos quaternos são precisamente os mesmos que ocupam, respectivamente, os postos Y e U do outro.
2. O par assim introduzido é o par equivalência-alternativa, que completa, com os dois quaternos que ele põe em comunicação, nosso conjunto de dez conectores.

Isto é, no mesmo lance, integramos ao sistema o par equivalência-alternativa, e, graças a ele, ligados um ao outro, os dois quaternos em um sistema unitário; resolvendo assim o nosso segundo problema por via facilitada do primeiro.

A estrutura de conjunto assim obtida é *aberta* em relação a cada um dos hexágonos, visto que se poderá reproduzi-los, indefinidamente, alternando-os, como as contas de um colar que fossem alternativamente vermelhas e negras:

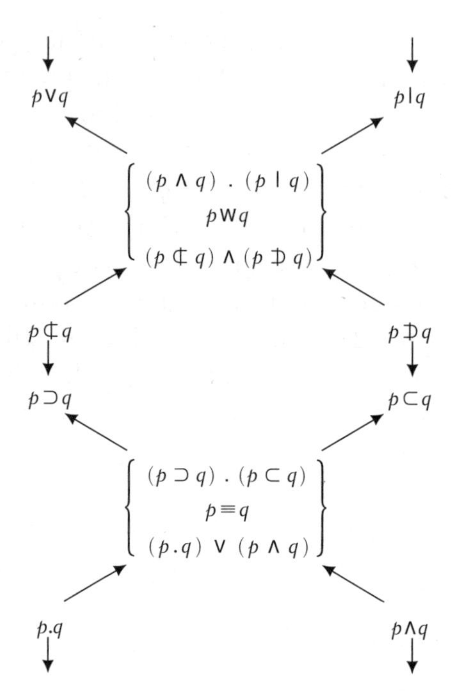

O conjunto constitui, não obstante, uma estrutura que se pode qualificar de *close*, no sentido de que não possui abertura para o exterior: ela não comporta em parte alguma um vazio que demandaria um outro conector; o sistema está concluído[12].

A dupla pertença dos conectores do par, se tem a vantagem de assegurar o contato entre os dois quaternos, poderia suscitar uma objeção. Relacionamos, com efeito, o posto U à tríade dos subcontrários, que são indeterminados e o posto Y à tríade dos contrários, que são determinados. Como, perguntar-se-á, pode um mesmo conector ocupar indiferentemente um ou outro desses dois postos? E onde classificar, do ponto de vista de sua determinação a equivalência e a alternativa? É que as noções de determinação e de indeterminação têm alguma coisa de relativo. O elemento situado em U é indeterminado relativamente a seus dois vizinhos A e E, que

12 Apresentamos esse sistema em um breve artigo do *Journal of Symbolic Logic*, março de 1957, p. 17-18. Ele nos parece suficientemente objetivo para que nos tenhamos julgado autorizados a incorporá-lo à nossa *Introduction à la logique contemporaine*, 1957, p. 56. No diagrama que o exprime acima, as flechas marcam os sentidos das implicações (subalternações).

têm, por sua vez, o máximo de determinação: disjuntando-os, ele deixa, com efeito, em suspenso, qual dessas duas determinações está em jogo. O elemento situado em Y é determinado relativamente a seus dois vizinhos I e O, nos quais a determinação se extenua até o ponto além do qual ela perderia todo limite: conjugando essas duas indeterminações, o elemento situado em Y conserva apenas sua parte comum, e circunscreve, por aí mesmo, a sua indeterminação. Concebe-se, portanto, que um mesmo elemento possa, conforme os casos, desempenhar um ou outro papel. Entre os conectores, os mais determinados, isto é, que admitem apenas um caso de verdade, e os mais indeterminados, que admitem três deles, a equivalência e a alternativa, que comportam cada um dois casos de verdade, podem ser considerados como semideterminados. É por causa dessa posição exata de equilíbrio entre o verdadeiro e o falso que elas estão igualmente aptas a conjugar os conectores mais indeterminados e a disjuntar os mais determinados, e a preencher, assim, entre os dois quaternos, a função de mediatrizes.

§30. Restaria especificar, em presença dessa estrutura decádica, quais são as relações exatas entre cada um de seus termos. Nós já conhecemos as que cada termo mantém com os outros cinco de sua própria héxade: quais são as que mantém com os quatro novos termos aos quais cada um se encontra agora associado? A resposta resultará das considerações seguintes.

Para os dois semideterminados, a questão já está, em um certo sentido, resolvida, visto que, sendo comum às duas héxades, eles são postos por isso mesmo em uma relação conhecida com todos os termos de cada héxade. Será preciso, entretanto, ter em conta aquilo que constitui a originalidade dessas duas héxades relativamente àquelas com as quais nos ocupamos até aqui. O que as distingue é que, em vez de permanecerem fechadas em si mesmas, elas se comunicam precisamente por esses postos U e Y, cada um dos quais sendo suscetível de ser interpretado, seja enquanto Y, como uma conjunção de dois indeterminados (conjunção que reduz sua indeterminação e a eleva a uma semideterminação), seja, enquanto U, como uma disjunção de dois determinados (disjunção que atenua sua determinação e faz recair em uma semideterminação). É essa ambiguidade mesma que permite a esses dois postos desempenhar seu papel de mediação. Teremos, em um instante, de nos recordar dessa particularidade para dissipar certas dificuldades.

Agora, para os outros termos: 1. Os determinados são incompatíveis entre si: eles jamais são verdadeiros em conjunto, porque cada um tem um só caso de verdade, distribuído sobre as quatro linhas de quadro das funções de verdade erigida pela combinatória; 2. Os indeterminados são disjuntos entre si: eles jamais são falsos em conjunto, uma vez que cada um deles tem apenas um só caso de falsidade, distribuído nas quatro linhas; 3. Os indeterminados são implicados pelos determinados, cujo caso de verdade eles contêm: como cada um tem três casos de verdade, ele está, pois, implicado por três determinados; quanto ao quarto determinado, aquele cujo único caso de verdade coincide com o único caso de falsidade do indeterminado, forma com ele o alternativo visto que um constitui então a exata negação do outro.

Assim, e sem falar do contraditório que já nos é conhecido e que só pode ser único: 1. cada determinado tem quatro contrários, ao se acrescentar aos dois contrários de seu quaterno os dois determinados do outro, e quatro subalternados, ao se juntar aos dois subalternados de seu quaterno os dois indeterminados do outro; 2. cada indeterminado possui quatro subcontrários, quando se acrescenta aos dois subcontrários de seu quaterno os dois indeterminados do outro, e quatro subalternantes, quando se junta aos dois subalternantes de seu quaterno os dois determinados do outro; 3. enfim, para cada semideterminado reencontramos os já conhecidos opostos: seus dois subcontrários e seus dois subalternantes na medida em que o semideterminado assume a função U, e seus dois contrários e seus dois subalternados na medida em que o semideterminado assume a função Y.

A intervenção dos elementos semideterminados, com seu papel de articulação, exige, entretanto, alguns esclarecimentos. Poderíamos, com efeito, nos espantar a seu respeito com o fato de que cada um possa ser ao mesmo tempo, enquanto Y, incompatível com os determinados de uma das héxades, sem ser, enquanto U, com os determinados da outra, os quais são, entretanto, todos os quatro incompatíveis entre si. É que a relação de incompatibilidade não é transitiva, podendo p ser incompatível com q, e q com r, sem que p seja incompatível com r, a saber se q for falso e os outros dois, verdadeiros. Os mesmos reparos valeriam, *mutatis mutandis*, para os subcontrários[13].

Ou então a gente poderia se espantar ainda de ver cada determinado associado agora não mais somente a dois, mas a quatro contrários, enquanto a tríade que ele forma com os dois contrários de sua própria héxade havia sido até aqui apresentada como um sistema perfeito, portanto, contrário a toda adição. É que o novo sistema de contrários, se ele é sempre exaustivo, comporta agora recobrimentos. Ao menos a disjunção dos dois determinados de um mesmo quaterno fornece um quinto elemento que os recobre exatamente e que, naturalmente, é, como eles, incompatível com os dois determinados do outro quaterno. Dito de outro modo: o terceiro elemento Y da tríade dos contrários subsiste, e deve subsistir, enquanto se considera separadamente cada héxade, para completar aí o sistema dos contrários; ele é simples em relação a essa héxade, mas com respeito à outra héxade, ele pode ser analisado como uma disjunção de seus dois determinados. Portanto, quando se fala aqui dos contrários cumpre certamente precisar se pensamos separadamente em uma ou outra das héxades, ou se consideramos o sistema decádico que os reúne. No primeiro caso, recaímos

13 Ou seja: o mesmo elemento, na qualidade de U, é disjunto com dois indeterminados de sua héxade, mas não o é, na qualidade de Y, com os dois indeterminados da outra, ao passo que esses quatro indeterminados são disjuntos entre si. Não mais do que a de incompatibilidade, a relação de disjunção não é transitiva: $p \vee q \vee r$ pode ser verdadeira e $p \vee r$, falsa, a saber se q for verdadeira e as outras duas, falsas.

 exatamente no esquema que nos é bem conhecido, o da tríade, sistema perfeito. No segundo caso, em que o universo do discurso se alargou, o sistema perfeito é quadrático e não mais triangular, tornando-se o elemento Y supérfluo: ele permanece, de certo, incompatível com os elementos A e E de seu próprio sistema, mas, enquanto equivalente ao elemento U do outro sistema, não é mais com seus elementos A e E que ele disjunta e, portanto, que ele recobre exatamente.

Essas considerações permitiriam, caso se quisesse, distribuir de outro modo os elementos de nossa configuração decádica sem modificar as relações, compondo-a de dois quaternos mistos em que se mesclariam implicações e conjunções. Naturalmente, a fim de respeitar a relação dos contraditórios, seria necessário permutar pares e não elementos isolados, e também manter em lugares homólogos os determinados e os indeterminados. Poder-se-ia assim, ou permutar os pares AO (ou EI) dos dois quaternos ou então permutar o par AO de um com o par EI do outro (ou o inverso). Com essas duas novas distribuições, seria evidentemente necessário modificar também o par intermediário, isto é, os ocupantes dos postos U e Y, visto que os termos que eles teriam para disjuntar ou conjugar seriam trocados; mas continuaria indispensável, para que pudessem desempenhar seu papel de intermediário entre determinados e indeterminados, que sejam, eles próprios, semideterminados. Ora, resta precisamente, no quadro teórico dos dezesseis conectores, dois outros pares de semideterminados, que são os dos dois binários degenerados. Para a primeira das duas distribuições que acabamos de considerar, constatar-se-á que cumpriria recorrer ao par $p.\bar{p}$, e para a segunda, ao par $q.\bar{q}$. Encontrar-se-á assim o meio, se nos ativermos a isso absolutamente, de proporcionar um lugar aos quatro conectores degenerados que havíamos decidido negligenciar. Mas, precisamente porque essas distribuições recorreriam a esses pares insignificantes, ao passo que deixariam de lado o par, de importância capital, da equivalência e da alternativa, pode-se estimar que essas duas últimas distribuições, formalmente tão corretas quanto nossa distribuição inicial, não teriam grande interesse. Esse é ainda um exemplo do afastamento que separa o ponto de vista de uma lógica formal do de uma lógica preocupada em restituir em seus esquemas abstratos as articulações reais do pensamento.

Conclusão

§31. A análise clássica da proposição em sujeito e atributo tinha o duplo defeito de reduzir artificialmente todas as relações à relação de inerência e de tratar falsamente o sujeito de proposição assim entendida a mesmo título que seu atributo, como um conceito. Diante dessa análise, a lógica contemporânea substituiu a decomposição da proposição em função e argumento, representando o argumento um indivíduo determinado x_1, ou indeterminado x, e a função um conceito f. Se a função for monádica $f(x)$, o conceito do qual estamos falando é daqueles que se exprimem por um adjetivo-atributo que marca uma qualidade, ou por um verbo intransitivo marcando uma ação. Se a função é poliádica $f(x,y,\ldots)$, o conceito é o de uma relação que desempenha o papel de uma cópula. Além do uso que é feito com ela sobre o conteúdo de uma proposição, certos conceitos, que se pode então considerar como espécies de categorias, servem para precisar sua forma lógica: eles desempenham, ao lado das constantes materiais, o papel de constantes lógicas ou, como dizemos mais hoje em dia, de operadores ou de funtores. No cálculo de proposições, eles são os conectores interproposicionais; no cálculo dos predicados, são os quantificadores; nos cálculos modais, enfim, são os diversos operadores modais. Colhemos exemplos em cada um desses empregos possíveis dos conceitos, e em toda parte constatamos que nossa estrutura oposicional hexádica encontrava aplicações frutuosas.

É manifesto o interesse de dispor, assim, de um esquema estrutural baseado sobre operações tão essenciais ao pensamento quanto a negação e a conjunção, e que permite analisar, sem total segurança, não importa qual sistema de conceitos, pois esses se deixam organizar igualmente conforme outras estruturas, mas em menor grau por sistemas de conceitos de todas as ordens, atributos, relações ou operadores lógicos e, em cada uma dessas ordens, por sistemas de formas diversas, sejam eles de tipo binário ou de tipo ternário, sejam regulares como o triângulo dos contrários, o quadrado de Apuleio, ou o hexágono completo, semirregulares como a cruz latina, irregulares, enfim, como aqueles dos quais o exame dos conceitos modais nos fornecem os melhores exemplos. Esse esquema abstrato oferece em primeiro lugar a vantagem de trazer à luz isomorfismos entre famílias de conceitos, muito distanciadas por seu conteúdo. Ademais, como as relações entre os seis termos do hexágono foram de uma vez por todas explicitadas com precisão, desde que se aplique a ele, de maneira correta, uma família concreta de conceitos, tanto as relações entre seus diferentes membros são perfeitamente reconhecidas, como, na eventualidade, seu caráter irregular: pois as lacunas aparecem aí imediatamente, e é fornecido o meio de reencontrar ou de construir, se houver necessidade, os conceitos que permitem preenchê-los.

Poupar-nos-íamos assim muito esforço e complicação. Temos diante dos olhos um artigo de G. H. von Wright "Sobre a Lógica de Alguns Conceitos Axiológicos e Epistemológicos"[1], cujas primeiras páginas acabamos de decifrar. Elas são, bem entendido, impecáveis de um ponto de vista formal, mas o vocabulário é aí estranhamente confuso, e o autor faz muito esforço para estabelecer – e depois dele o leitor para reconhecer – as relações entre os diferentes termos de seu sistema. Tudo se esclarece e se simplifica

1 On the Logic of Some Axiological and Epistemological Concepts, *Eripainos Ajatus*, Helsinki, 1952, p. 213 e s.

quando se compreende que sua "mediana própria" incide em Y, sua "mediana" simplesmente (imprópria, é evidente!) cai em I, seu "primeiro contrário próprio" em E, seu "segundo contrário próprio", em A, seu "contrário" simplesmente (impróprio, evidentemente) em U. Uma vez reconhecidas essas posições é inútil recomeçar, a respeito de "certos conceitos axiológicos e epistemológicos", a se interrogar sobre as relações entre os diversos elementos do sistema, uma vez que o trabalho já foi feito, de uma vez por todas, de uma maneira abstrata e geral, para as relações entre os seis postos de nossa héxade, e que bastará aplicar a teoria ao caso particular e concreto que está em estudo. Os antigos geômetras, que raciocinavam sobre figuras concretas, resolviam separadamente, e cada vez com grande custo, problemas que a análise dos modernos resolve de uma só tacada no abstrato. De maneira bastante análoga, parece-nos aqui que o simples exame de nosso diagrama proporciona imediatamente a resposta ao problema[2].

Com certeza, não se deve exigir a uma teoria mais do que ela pretende dar, e esperar que o uso de uma tal estrutura vá, de um só golpe e de modo algo mecânico, resolver nossos problemas. A liberdade e o determinismo, o ser e o nada, a finalidade e o acaso são pares de contraditórios que formam alternativa, ou somente pares contrários, que admitem a possibilidade de um *tertium*? Não é nem o quadrado nem o hexágono que podem no-lo ensinar, pois, para poder dispor corretamente os termos no esquema formal, seria necessário ter respondido previamente à questão. E isso mesmo se a questão for infinitamente mais simples, como a que incomoda o sr. Jourdain em assuntos sobre verso e prosa. Mas, ainda que sem poder resolver as dificuldades, não é impossível ajudar a concebê-las mais claramente. A generalização do quadrado dos quantificadores, que estendemos de modo sistemático, como alguns o haviam feito ocasional e parcialmente, aos operadores modais, às qualidades, aos conectores binários, já havia tido como efeito trazer à luz analogias

2 Ver supra p. 103.

 formais sugestivas. Mas é, sobretudo, pela combinação, com essa generalização do uso do quadrado, de sua ampliação até a forma hexagonal, que o método se revela fecundo para a elucidação de casos concretos. A instituição dos postos Y e U, característica dessa ampliação, nos pareceu, nos diversos domínios que nossa investigação percorreu, a tal ponto indispensável que mal concebemos como, após ter se tomado consciência de sua função, se poderia continuar a dispensá-la.

A explicitação do posto Y não se justifica somente, para uma teoria que se esforça em manter tão cerrada quanto possível a coesão entre os três elementos do λόγος (*logos*), lógica, razão e discurso, pelo uso muito difundido do pensamento por tríades de contrários: o de ser um meio entre dois extremos. Em razão mesmo desse uso espontâneo, e disso que tem amiúde um pouco de artificial e forçado, por comparação, a dissociação desse meio em suas duas componentes, afirmativa e negativa, os termos que se pretende instalar nesses postos I e O tendem facilmente, quando o simbolismo e o formalismo não veem aí colocar obstáculo, a escapar daí para se reunir de novo. Daí, os equívocos, aliás bem conhecidos, a que se prestam palavras como *algum*, *possível*, *contingente*, *permitido*, aos quais poderíamos agora acrescentar o da palavra francesa *ou*, enquanto simplesmente disjuntiva, *vel* (ou), no posto I ($p \vee q$), enquanto unida com a incompatibilidade O ($p \mid q$) para formar, em Y ($p \mathrm{W} q$), a disjunção exclusiva ou alternativa *aut*. E no caso de não se dispor do posto Y, como organizar certas tríades verbais formadas por duas negações diferentes de um mesmo termo, quando a diferença entre as duas negações não mais coincide com a dos contrários e dos contraditórios, mas com a de duas espécies de contrários que, com o termo inicial, esgotam sem recobrimento todo o campo dos possíveis? Não há meio algum de fazer coincidir com três postos do quadrado lógico as tríades como *vontade-nontade-abulia*, *moral-imoral-amoral*, *simétrico--assimétrico-não-simétrico*.

Se o posto Y é exigido pelo conceito geral do *meio*, de intermediário ligado à oposição dos contrários por contraste, o posto U, de seu lado, é aquele que é preciso consignar ao conceito, contraditório do primeiro e não menos indispensável, de *extremos*. Essa razão bastaria para justificar sua introdução. Mas tal justificação teórica é acompanhada, aí também, de justificações de ordem prática. Em um dos exemplos que evocamos agora, o da tríade que a lógica das relações constrói sobre a simetria, o equívoco possível assentava-se sobre o terceiro termo, ao qual se pretende dar seguramente um sentido médio, mas que, ao tomá-lo ao pé da letra, deveria ocupar o posto O. Porém, em nossos dois outros exemplos, é sobre o primeiro termo, *moral* ou *vontade*, que o equívoco atua, e dessa vez de maneira mais perigosa, visto que agora é preciso entendê-lo realmente em dois sentidos distintos, segundo o outro termo ao qual ele é associado em se lhe opondo aí: ora como o contrário A do segundo extremo, ora como contraditório U do meio. Semelhante ambiguidade não é, de modo algum, excepcional. Havíamos reconhecido também por ocasião das palavras *certo* e *verificado*, que ela tem um alcance geral. Não é raro, com efeito, que um deslize semântico se produza, seja em um sentido, seja no outro, entre o posto A e o posto U: daí a utilidade de instituir esse posto U bem diferenciado do posto A. Apresentemos um novo exemplo de cada um dos dois casos: deslocamento de A em U, deslocamento de U em A.

Se há uma palavra que deveria, parece, resistir à atração do sentido neutro para manter seu sentido propriamente afirmativo, é bem a palavra *afirmação*. Entretanto, não é nada disso e o *Vocabulaire* (Vocabulário) de Lalande registra as duas acepções: ao lado do sentido próprio e restrito em que ela se opõe à *negação*, a palavra comporta também, na linguagem corrente, um sentido mais amplo em que inclui a negação como uma de suas duas possibilidades: é então sinônimo de asserção e se opõe à pergunta e à dúvida. "Nesse sentido", acrescenta o

 Vocabulaire, "toda negação fechada é ainda uma afirmação". Esse segundo emprego, em si pouco recomendável, é aliás difícil de evitar em francês visto não dispormos, como o inglês, de verbo correspondente ao substantivo *assertion**.

O exemplo inverso poderia ser tomado de empréstimo ao vocabulário kantiano. A famosa oposição entre juízos analíticos e juízos sintéticos apresenta-se claudicante em Kant, devido ao fato de que ele só pensa visivelmente, entre os primeiros, naqueles que são verdadeiros e não se atreve a incluir aí os juízos contraditórios, como se deve fazer, no entanto, se a gente concebe o analítico como o antissintético. Daí por que, na linguagem da lógica contemporânea, a díade kantiana foi completada pela introdução da tríade dos contrários *tautológico-contraditório-sintético*, enquanto o analítico, sempre oposto contraditoriamente ao sintético, é expressamente concebido como a disjunção do tautológico e do contraditório. A atração do sentido neutro na direção do sentido afirmativo nem por isso deixa de subsistir e o analítico continua amiúde a ser entendido como o analiticamente verdadeiro: hesita-se em empregar a expressão *analiticamente falso* para qualificar um enunciado contraditório.

Mas no caso da estrutura a mais elementar, a de um par de contraditórios, a consideração dos postos U e Y pode ter sua utilidade, para o caso de se pensar na proliferação virtual do par. Acabamos de ver, com efeito, que certos pares que formam alternativa, como *analítico* e *sintético*, *amoral* e *imoral*, *vontade* e *abulia*, devam ser entendido não como contraditórios AO ou EI, mas adequadamente como contraditórios UY. Reconhecer-se-á que sucederia o mesmo, para retomar alguns outros de nossos exemplos anteriores, no tocante a pares de contraditórios como *igual* e *desigual*, *paixão* e *apatia*.

O filósofo deplora amiúde – pronto para algumas vezes se aproveitar disso – o caráter fugaz, impreciso, de sua linguagem, quando ele a compara com a nitidez da linguagem científica.

* Em português, o verbo asseverar, embora proveniente de uma raiz diferente, traduz o verbo correspondente inglês *to assert* (N. da T.).